A BRIEF HISTORY OF SCIENCE FOR CHILDREN

科学简史

少年简读版 ①

张玉光 ◉ 主 编

青岛出版集团 | 青岛出版社

图书在版编目（CIP）数据

科学简史：少年简读版 . 1 / 张玉光主编 . —青岛：青岛出版社，2024.4
ISBN 978-7-5736-2187-0

Ⅰ . ①科… Ⅱ . ①张… Ⅲ . ①自然科学史—世界—少年读物 Ⅳ . ① N091-49

中国国家版本馆 CIP 数据核字（2024）第 075708 号

KEXUE JIANSHI （SHAONIAN JIANDU BAN）

书　　　名	科学简史（少年简读版）
主　　　编	张玉光
出 版 发 行	青岛出版社（青岛市崂山区海尔路 182 号）
本 社 网 址	http://www.qdpub.com
责 任 编 辑	朱子菡　张　鑫
封 面 设 计	刘　帅
排　　　版	青岛艺鑫制版印刷有限公司
印　　　刷	青岛新华印刷有限公司
出 版 日 期	2024 年 4 月第 1 版　2024 年 4 月第 1 次印刷
开　　　本	16 开（889mm×1194mm）
印　　　张	20
字　　　数	400 千
书　　　号	ISBN 978-7-5736-2187-0
定　　　价	136.00 元（全四册）

编校印装质量、盗版监督服务电话　4006532017　0532-68068050

前 言
PREFACE

在几千年前的原始社会，人们计数的方法是在绳子上打结；在新石器时代，就有人尝试过开颅手术；在古埃及建造金字塔时，就用到了物理学知识，即便当时人们还并不知道物理为何物；16 世纪以前，大多数人都以为地球是宇宙的中心，太阳也要绕着地球转……以上就是科学萌芽时的样子。

科学是什么？在《礼记·大学》中，有"致知在格物，格物而后知至"的名言，意思是自己获得知识的途径在于推究事物的原理，研究万事万物的规律。细想起来，格物致知可不就是追寻科学。科学是人类认识世界的重要方式，它来源于人们的生活，也改变了人们的生活，人类更是凭借无限的思考和创造，使科学日新月异，为社会文明的发展提供源源不断的动力。

从远古时代到如今的信息化时代，从神灵崇拜到科学大爆发，从西方到东方，人类文明不断发展，科学的成就灿若繁星。

撷取科学发展的重要里程，我们编写了《科学简史（少年简读版）》。翻开这本书，你会发现一个全新的科学世界，从天文学、数学，到物理学、化学，再到生物学、医学……一套书带你快速了解科学史上的重大发明与发现。我们用简洁而详实的文字叙述，用精美而多彩的画作描绘，帮助小读者们了解科学演变的历史，认识一位位闪闪发光的科学家，引发对科学的思考。

目 录
CONTENTS

第二章
数学

第一章 天文学

在原始社会时，人们就开始探索日月星辰的奥秘，以太阳和月亮的变化来确定方向、日期和季节。就这样，天文学开始起步。随着人们认识的发展、技术的进步，宇宙的面貌逐渐在人们眼中清晰起来。

古代天文学

自人类诞生之初，就试图通过观察太阳、月亮和星星了解神秘的天空。尤其是在经济发达、人才济济的文明古国，人们对宇宙和星体的探究更加频繁。占星家们甚至将星象变化与人间的吉凶祸福联系在一起，催生出天人合一的思想。古代天文学为人类打开了一扇门，门外是神秘莫测的另一个世界，吸引着无数的人前赴后继地去探索。

预测尼罗河泛滥的周期。

古埃及祭司

尼罗河是世界上最长的河流。

大河的馈赠

世界第一长河尼罗河，从南到北贯穿古埃及全境，孕育了古老而神秘的古埃及文明。公元前4000年至公元前3000年，这时的古埃及已经建立了国家。每年只要雨季到来，尼罗河就会定期泛滥，古埃及人为了完善农田的灌溉，特别注意对洪水的利用。为了更好地计算尼罗河的泛滥周期，古埃及诞生了闻名天下的太阳历。

古巴比伦的星座

在东方，苏美尔人建立了先进的古巴比伦王国。而生活在这里的占星家早已养成了夜观天象的习惯。他们观察恒星，预测太阳、月亮以及各种行星的运动轨迹；他们认为宇宙是漂浮在大洋中的岛屿；他们还认为恒星、行星等星体是沿着相同的轨迹移动的，提出了"黄道带"的概念，同时又将黄道分为12段，形成了"黄道十二宫"。

黄道附近的十二星座

古老的占星师

月球　地球　金星　太阳　火星

▼ 九层天理论

宇宙是球形的，且分为等距的9个天层。

亚里士多德

▲ 亚里士多德在学园

百科全书式的科学家

　　亚里士多德是百科全书式的科学家，经他创立的亚里士多德学派曾经轰动了整个古希腊，影响力绵延至今。公元前4世纪时，亚里士多德通过观察发现，月食的时候，地球投射在月亮上的影子总是圆的，并在此基础上提出"地球是一个球体"的观点。

▼ 古印度天文学家观测天象

由于农业生产的需要，印度很早就创立了自己的阴阳历。

远帆的奥秘

　　在古希腊，航海者看到一艘船驶向地平线，当船体消失后仍然可以看见桅杆，他们认为这证明地球是圆的。

服务于农业的天文学

　　古印度位于印度河流域和恒河流域的广阔地区，是古老而先进的农业大国，也是世界上最早的文明发源地之一。为了满足农业生产的需要，古印度的天文学起步非常早。大约在公元前10世纪，古印度人就把一年定为360天，把一个月定为30天。根据文献记载，古印度人还测算出每5年中，有一年为366天。

古老的中国天文学

从上古开始，中国的先民看到太阳出来，就开始一天的劳作；看到太阳落下，就回去休息，正所谓"日出而作，日落而息"。先民以"天时"为时，他们根据月亮的圆缺来推算时间的更迭，看到星星隐现就知道昼夜的长短。他们通过观察天象，就知道方向的变化与季节的交替。

中国古代认知

中国古代关于"天圆地方"的说法最早出现在西周时期。人们把天穹想象成一口倒扣着的大锅，把平坦的大地想象成棋盘被大锅罩着。到了东汉时期，著名的天文学家张衡提出了更为进步的"浑天说"，他认为天是个圆球，地球漂浮在其中，好像鸡蛋中的蛋黄一样。

春秋战国时期，就有天文学家了。

天球

▼ 古时人们对天地的看法

张衡和神奇的浑天仪

东汉时期，张衡发明了漏水转浑天仪，这是为了演示浑天说而制造的。浑天仪选用精铜铸造，其内部以一套齿轮传动装置把漏壶和浑象联结起来，利用漏壶滴水使浑象匀速旋转，以展现天象变幻。浑天仪是世界上第一台可以演示恒星和日月星辰运行的仪器，用现代的语言解释，这就是"古代版的天象自动直播器"。

天文学从何时诞生

中国古代的天文学具有发展早、资料积累连续且丰富的特点。根据考古发现，中国天文学的起源可以追溯到8000多年前。河南濮阳古墓出土的蚌塑人斗龙虎图，是最古老的天文星图，也是一幅形象化的星图，有考古学家认为龙、虎分别代表春夏、秋冬的季节变化。

在古代星辰陨落有不同的寓意。

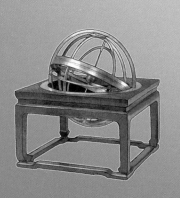

浑天仪实际上就是一个天文仪器。

浑天仪

一部古老的历法

西汉时期,《太初历》已经问世。这是中国第一部完整的历法,也是当时世界上最先进的历法。公元前 104 年,经由司马迁等人提议,汉武帝下令采用《太初历》为国家历法。《太初历》明确指出一年约 365 天,以夏历正月的第一天为岁首。为了配合农业生产,还补充了二十四节气。

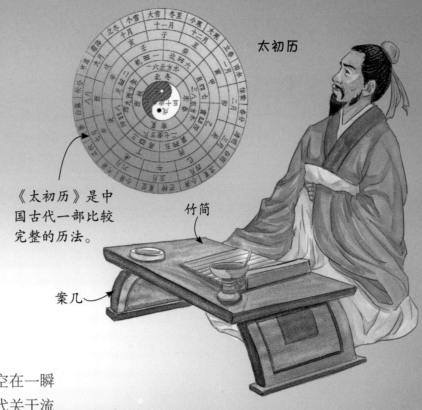

太初历

《太初历》是中国古代一部比较完整的历法。

竹简

案几

流星雨记录知多少

当流星雨划过,原本黑暗的天空在一瞬间被照亮,既浪漫又温馨。中国古代关于流星雨的记录零零散散,除了大部头的科学著作,其余记录多见于地方志。中国古代至少出现过 180 次以上的流星雨记录。其中,天琴座流星雨的记录大约有 9 次,英仙座也有 12 次之多。从 902 年到 1833 年,记录的狮子座流星雨共有 7 次。

天文的来源

"天文"一词,在我国最早出现于《易经》,语出"文者天象",意思是天文就是天象或天空的现象。天象指日月星辰的星象;天空的现象是指气象。

西汉太史令观测流星雨。

记录流星雨事件。

托勒密的地心说

在无数个日子里，太阳从东方升起，缓慢地升上天空，再在西方落下。到了夜晚，明月高悬，星辰遍布夜空。周而复始的日子，引发了人们对天空大地的思考。这广阔的天空和日月星辰是什么？与我们生存的大地有什么关系？这一切是怎样形成的？托勒密的地心说第一次系统地解释了这些问题。

古希腊的托勒密

托勒密是古希腊久负盛名的天文学家，在数学、音乐、地理和光学等方面也有所建树。作为当时颇具影响力的一代名流，托勒密的生平在史书中却出奇的少，更多的只是介绍他的学说和取得的一些成果。他居住在亚历山大城，这里在当时归属于古罗马帝国。

托勒密所创立的地心说，在西方占据主导地位1400多年，甚至被教会作为统治思想的重要支柱。有资料记载，托勒密还有一个有趣的身份——占星家，而且他对占星十分狂热。

▼ 托勒密在亚历山大天文台

托勒密出生在埃及，居住在亚历山大。

托勒密是地心说的集大成者。

地心说有一个几何模型

托勒密继承了亚里士多德等前人的理论和观测记录，在此之上提出了地心说。他还利用几何模型建立了一个比较完整的地心体系，解释了当时人们观测到的许多天文现象，特别是对行星运动不规则性的解释，受到人们的广泛认可。

地心说认为地球位于宇宙的中心，是静止不动的，日月星辰围绕地球运行。托勒密在《天文学大成》中利用本轮、均轮理论详细讨论五大行星的运动，并尝试计算了宇宙的大小。虽然托勒密得到的这些数据跟实际情况有很大的差距，但是托勒密的探索精神十分珍贵。

天文学大成

托勒密编著的《天文学大成》，是流传至今的唯一一部完整的古希腊天文学论著。内容结合前人的记录，详细论述了地心说，是当时的天文学百科全书，代表了当时科学的最高成就。

地心说宇宙模型

▶ 托勒密和他的学生们在屋顶上观测星星的轨迹

哥白尼的日心说

清晨太阳从东方冉冉升起，傍晚太阳从西方缓缓落下。这一司空见惯的现象，让越来越多的人接受了太阳是围绕地球转动的观点。因此在长达约1500年里，地心说成为主流学说。而年轻的天主教教士哥白尼，则对这种观点有所怀疑，他将教堂西北角的房间，改造成迷你天文台，在那里开始了研究……

哥白尼推翻了地心说。

▲ 正在研究的哥白尼

哥白尼小传

哥白尼出生在波兰维斯瓦河畔的托伦城。1483年，在哥白尼10岁的时候，托伦城内瘟疫肆虐，他的父亲不幸被感染，就在医生束手无策的时候，城里突然流言四起，传说所有的病人是因为得罪了天主，才被降罪惩罚。哥白尼的母亲听后，赶紧向天主做了虔诚的祈祷，可是这对于父亲的疾病却没有用，父亲依然去世了。从这个时候开始，哥白尼对天主产生了怀疑。

天体运行论

《天体运行论》是哥白尼的不朽著作，核心内容就是日心说。当时哥白尼撰写的一份手稿，完整地阐述了日心说。但是迫于当时宗教的压力，这本书没有立即公之于世，直到1543年，此书才正式出版。

《天体运行论》在哥白尼重病垂危时才得以出版。

▲ 《天体运行论》

海王星

哥白尼认为太阳是宇宙的中心。

金星

木星

天王星

在舅舅的帮助下，哥白尼在 18 岁时进入克拉科夫大学学习，24 岁又到文艺复兴的中心意大利求学，先后在博洛尼亚大学、帕多瓦大学、费拉拉大学研究医学、数学和天文学。在求学期间，哥白尼孜孜不倦地阅读了大量古希腊哲学著作，特别关注天文学的内容。

哥白尼在改建的"迷你天文台"观望。

▼ 哥白尼使用过的观测仪器

横空出世的日心说

经过长期的观察和研究，哥白尼绘制了以太阳为中心的模型图。他认为太阳是宇宙的中心，地球绕自转轴自转，并同其他几大行星一起绕太阳公转，只有月球绕地球运转，并且行星和月球都是做匀速圆周运动。日心说引起了天文学乃至整个自然科学的巨大革命。恩格斯曾评价："从此自然科学便开始从神学中解放出来……科学的发展从此便大踏步地前进。"

土星

同心圆一样的行星轨道

地球

伟大事业的奠基人

第谷被称为"近代天文学的奠基人"。

在哥白尼之后，对天文学的发展做出重大贡献的还有第谷、开普勒、伽利略等人。有了他们的努力，日心说得到证实并且广为传播。从此，天文学实现了质的转变。天文学不再是神谕、占卜，而是有理论、有实践和有大量观测数据的自然科学。这不仅转变了天体运行模式的理论，也转变了人类的思想观念，为天文学的发展奠定了坚实的基础。

汶岛的第谷

第谷出身于丹麦的贵族之家，从小生活优渥。在30岁之前，他先后在多所大学学习，并前往很多地区旅行，积累了丰富的知识见闻。30岁以后，他回到丹麦，专注天文研究。在汶岛的20多年间，第谷建立了两所大型天文台，创制了精度不断提高的天文仪器，整理出了前所未有的完整而精确的观测记录。

布鲁诺的见解和行为，让罗马教廷深感恐惧和不安。

教会设下圈套，将布鲁诺关押起来。

10

开普勒

开普勒是德国天文学家，曾经担任第谷的助手。1601 年，第谷去世后，开普勒继承了第谷未完成的事业。开普勒结合第谷多年来观测的数据资料，经过几年的观察与计算，终于证实了哥白尼的日心说的正确性。开普勒发现了行星沿着椭圆形轨道运行的规律，并在此基础上提出了"开普勒定律"。

发现行星轨道运行规律

后世对开普勒冠以"天空立法者"的美名。

▲ 约翰尼斯·开普勒

布鲁诺小传

1548 年，布鲁诺出生在意大利的一个穷苦家庭。从 10 岁开始，小布鲁诺便离开父母，独自在修道院生活，在此后将近 20 年的岁月里，他生活艰辛，只有阅读让他感到慰藉。后来，他偷偷阅读被教会定为禁书的《天体运行论》，并被哥白尼的学说深深吸引，心中埋下了追求真理的种子，科学和真理让他疯狂。

1576 年，布鲁诺被革除教籍，离开了修道院，开始了 16 年的流亡生活。他辗转于各国之间，足迹遍布整个欧洲。法国、瑞士、英国等各国教会势力从未放弃过对他的迫害、驱赶。布鲁诺好像一位勇士，不屈不挠地捍卫和传播着哥白尼的学说，使之深入人心。

信奉真理的布鲁诺面对教会的威逼利诱从未屈服。

最终，无计可施的教廷宣判布鲁诺死刑。

近代科学明星伽利略

伽利略是意大利的天文学家、物理学家。他是使用科学实验的方法，将数学、物理学和天文学3门科学贯穿起来的第一人，他创立的研究自然科学的新方法让很多人受益。

伽利略在帕多瓦大学任教期间，开展了多项物理学与天文学实验。他在研读了哥白尼的《天体运行论》后，对日心体系产生了强烈兴趣。1609年，伽利略制造和改进了几具望远镜，开始从新的视角探索太空。

▼ 伽利略

伽利略被称为"近代科学之父"。

全世界第一架天文望远镜

1609年，伽利略深入研究光线的折射原理，在很短的时间内，自制了全世界第一架天文望远镜，它可以把物体放大3倍。伽利略制作的第二架望远镜，可以放大8倍。当时，他将这架望远镜献给威尼斯议会，议会官员们爬上塔楼，在伽利略的指导下使用望远镜，当他们看到了用肉眼无法看到的远洋船只，一个个激动不已。而后，伽利略制成了一架口径4.4厘米，镜筒长1.2米，可以放大33倍的望远镜，这是他观测天体所使用的。

金星　　土星　　月球

1609年，伽利略发现月球表面高低不平，似有山谷，并且亲手绘制了月面图。

伽利略改进优化了望远镜的性能。

1610年10月，伽利略第一次观察到太阳黑子，他确认太阳黑子在太阳表面上是运动的。

牛顿在伍尔
索普庄园

牛顿被称为"百科
全书式"的天才。

牛顿望远镜

牛顿小传

1643年1月，牛顿出生于英格兰
林肯郡。因为早产的关系，牛顿从小
瘦弱，个性内向。上学后，他的成绩也很普通，看不出一点儿"天
才"的迹象。

在剑桥大学学习期间，为了躲避瘟疫，牛顿有两年的时间停
学在家。在这两年里，他展现出"天才青年"的潜质，提出了震
惊世界的三大发现：微积分、光的色散和万有引力定律。

1668年，牛顿制作了反射望远镜，又用万有引力定律解释了
潮汐现象与太阳引力之间的关系。

1687年，《自然哲学的数学原理》出版。这是牛顿细心编写、
耗费18个月的成果，是自然科学界有史以来最伟大的一部著作。
牛顿用数学解释了哥白尼的日心说和天体运动的现象。

晚年，牛顿潜心研究自然哲学与神学。1727年，牛顿在睡梦
中长逝。从牛顿开始，人们了解到整个宇宙是被引力主宰的。

看恒星

在晴朗的夜空，黑色的天幕被恒星发出的光亮穿透。凝视夜空，你会发现它们在缓慢地移动着，而且它们当中的大部分会在黎明时分从我们的视野之中消失。遥远的恒星,总是让人充满遐想,蓝色的、白色的、黄色的……五颜六色的恒星究竟隐藏着哪些秘密？在大气的遮掩之下,恒星在诉说着什么故事？

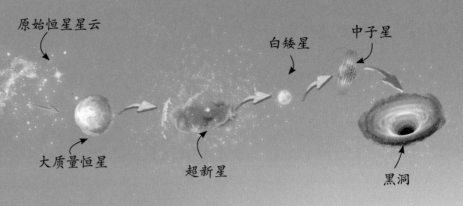

原始恒星星云
大质量恒星
超新星
白矮星
中子星
黑洞

▲ 恒星的演化

恒星的主序阶段占据它一生中90%以上的时间。

超新星爆发是恒星生命的后期。

幼年恒星

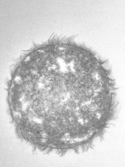

▲ 青年恒星

中年恒星

▲ 老年恒星

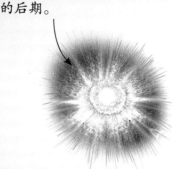

温度（K）　恒星的光谱型

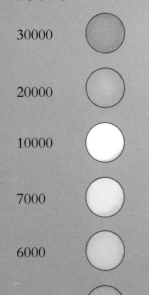

30000

20000

10000

7000

6000

4000

3000

恒星有多老

恒星有不同的颜色,如果我们观察猎户座的星群,会发现蓝白色的参宿七和红色的参宿四。恒星的颜色表明它的温度以及年龄,蓝色的恒星最热,年龄最小。天文学家利用哈佛光谱系统将恒星分为不同光谱型,每种类型又分为0~9个次类型。依据这个分类原理,太阳正值青壮年,属于G2类恒星。

大恒星和小恒星

仅凭肉眼观察,我们很难分辨出这些恒星彼此之间的差异。如果借助望远镜,一切就不一样了。这些恒星的直径与太阳的直径相比,有的只有1/450,而有的则大出1000倍;它们的质量与太阳相比,有的比太阳重50倍,有的只能达到太阳质量的5%。

自己发光、发热的恒星

恒星不似行星焦躁，也不像彗星局促，它以一如既往地坚定与执着，成为永恒的代表。实际上，恒星是一个炽热、发光的旋转球体。恒星的形成跟这种"坚定"相关，是无穷无尽的气体粒子被引力吸引聚集才有了恒星。当恒星有了足够的力量，自身开始发出光和热，这让它在黑暗中能够被我们的肉眼所见。

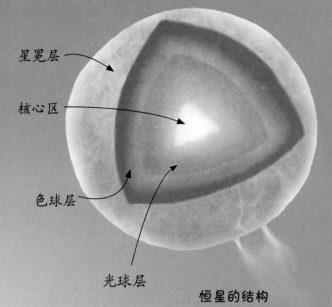

星冕层

核心区

色球层

光球层

恒星的结构

恒星跟星座有什么关系

在深邃的夜空中，我们可以看到成千上万颗闪亮的恒星。可你想要区分它们，却一点儿也不容易。

当代的天文学家把星空分成若干个大小不同的区域，每个区域内闪闪发亮的恒星用线连接起来，会呈现出不同的形状，星座就是根据这些形状命名的。例如，白羊座、宝瓶座、天鹰座、鲸鱼座等。

视星等观星

天文学家将星体亮度分成不同的等级，建立起视星等系统。美国哈佛大学天文台规定小熊座λ星的目视星等为零点，视星等是负数的星体，就表示比它亮，而视星等为正数的星体则表示比它暗。

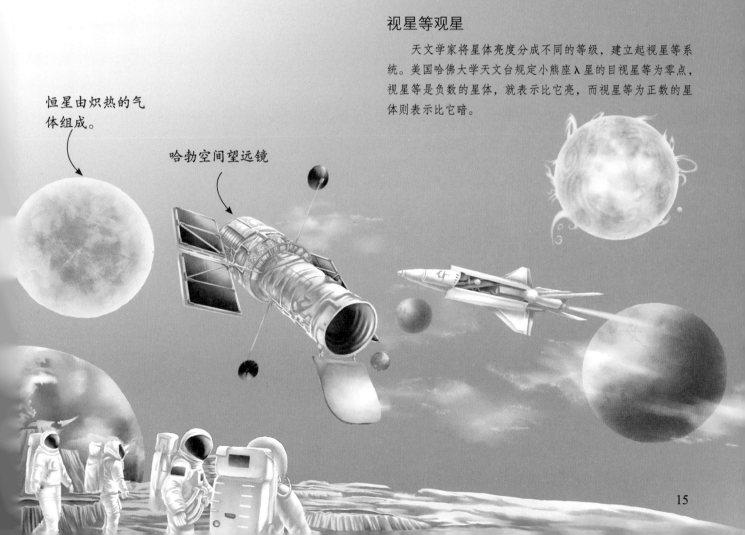

恒星由炽热的气体组成。

哈勃空间望远镜

走近银河系

如果你身处没有光污染的远郊地区，就可以好好地欣赏一下银河。银河是我们能够用肉眼看到的，夜空中极为壮观的景象，相信它一定让你叹为观止！不管你在全世界的哪个角落，都可以看到这条横卧天际、引人遐想的亮光带。当然，如果你恰好在南纬30°附近，那么我要恭喜你，因为这里最适合观赏银河。

银冕

▲ 银河系

"狗逃跑的路线"

在历史上，生活在不同的地区的人们，为银河取了各种有意思的名字。如北美的切罗基人，将银河称为"狗逃跑的路线"：传说有一条狗偷走了玉米面，沿途撒下了痕迹。而在中国的神话中，人们认为银河是天空中与仙人同在的、流光溢彩的银色河流。

银河系的组成元素

说起银河系，不得不提到它所包含的几类物质，即恒星及恒星集团、星际介质和暗物质等。银河系因旋转而形成扁平的碟形状态，中间有凸起的核球，四周有悬臂，这造成了这些物质在有限的空间内，越发地分布不均。在直径约10万光年的范围中，至少有1000亿颗恒星。

银盘包含着银河系中绝大部分的星际尘埃与气体。

银核部分中恒星的过度拥挤，造成星际尘埃的增温，产生很强的红外线辐射。

银晕由恒星晕和暗物质组成。

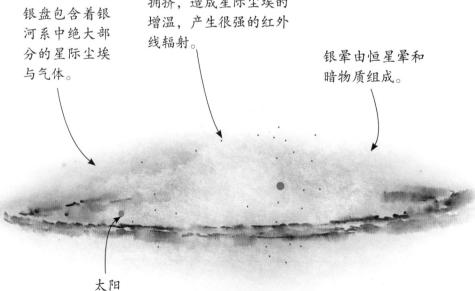

太阳

旋臂：由中心延展至银盘边缘，其中包含了无数年轻的恒星。

银心

银晕

认识银河系

1609年，天文学家伽利略用望远镜首先发现银河实际由无数个恒星组成。

1750年，英国天文学家怀特提出"银河系是一个碟形的恒星系统"的观点。

1755年，康德提出银河系是无数"宇宙岛"之一，它是由恒星组成的、旋转的扁平盘。

1785年，威廉·赫歇尔用统计恒星数目的方法，证实银河系是扁平状的，太阳系在其中心附近。

1918年，沙普利发现太阳系并不在银河系中心，太阳系也不是宇宙的中心，推翻了日心说关于太阳系是银河系中心的观点。

沙普利的发现

1918年，美国天文学家沙普利对100个左右的球状星团的空间分布进行研究后发现，这些球状星团90%位于银河系中心方向的一侧。根据这种现象，沙普利推测，太阳并不在银河系的中心，而是处于靠近银河系边缘的位置上，并推测出太阳系距离银河系中心约5万光年。

▶ 沙普利

多姿多彩的河外星系

数十亿至数千亿颗恒星、多姿多彩的星云和颗粒无限小的星际物质，构成了河外星系。

在空间上，大多数的河外星系以稀疏或稠密的星团形态存在，分布并不均匀。

仙女座大星云看上去亮度很高，它是河外星系中能够被肉眼清晰看见的美丽星云。

河外星系的直径从3300多光年到490000光年不等。

河外星系之间的距离在不断加大，说明宇宙处于不断膨胀中。

河外星系质量大多在太阳质量的100倍到10000倍之间。

向河外星系出发

人类生存的银河系好像大海中的一座岛屿。在茫茫宇宙当中，类似这样的"岛屿"数不胜数。科学家推算，在宇宙中星系的数量可能在千亿以上。这其中，除了银河系，天文学家在有限的条件下，发现的恒星也有百万之多。它们有一个共同的名字，叫作河外星系。

位于爱尔兰奥法利郡比尔市的72英寸望远镜

罗斯伯爵的利维坦望远镜

发现河外星系

在18世纪中叶，康德等人提出了关于银河系之外星系的猜测。其中提及在银河系之外，存在许多类似的天体系统，即河外星系。

1844年，威廉·帕森斯建造了口径184厘米的巨型望远镜。他观测发现，银河系以外存在着很多种不同形态的河外星系。

1923年，哈佛的夏普利证明了NGC6822星系，距离比银河系远得多。

1924年，天文学家哈勃确认了仙女座和三角座星云是河外星系。

哈勃小传

1889年，"星系天文学之父"爱德文·鲍威尔·哈勃，出生于美国密苏里州。

1910年，哈勃毕业于芝加哥大学天文系，他对天文学具有强烈的兴趣。

1914年，哈勃进入叶凯士天文台进行天文研究，从事天文学的基础工作。

1919年10月，30岁的哈勃进入威尔逊山天文台工作。

1924年，哈勃证实仙女座和三角座星云是超出银河系的河外星系。

1925年，哈勃将星系分为4类，即椭圆星系、旋涡星系、棒旋星系和不规则星系。这种分类法沿用至今。

1929年，哈勃研究已经测出视向速度的许多个河外星系，由此提出了著名的哈勃定律。哈勃定律是宇宙正在膨胀的直接观测证据，推动了现代宇宙学的发展。

哈勃提供了宇宙膨胀的证据。

哈勃被称为"星系天文学之父"。

爱德文·鲍威尔·哈勃

正在膨胀的宇宙

帕洛玛天文台的48英寸望远镜

宇宙大爆炸

宇宙从哪里来？将到哪里去？在众多关于这些问题的解释中，宇宙大爆炸理论在各种宇宙学说中是最有影响力的一种。虽然这个理论从创立开始就受到了人们的质疑，但因为它是在天文观测和天文研究的基础上提出来的，所以相比于其他理论，宇宙大爆炸理论更加科学、可信。

宇宙大爆炸理论

1932 年，比利时天文学家兼宇宙学家勒梅特提出了"原始原子爆炸"的宇宙起源理论。1929 年，美国天文学家哈勃提出哈勃定律，推导出所有星系在互相远离的宇宙膨胀说。之后，美籍物理学家伽莫夫正式提出热大爆炸宇宙学模型，并得到科学界的广泛认可。

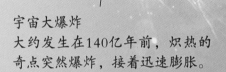

宇宙大爆炸
大约发生在140亿年前，炽热的奇点突然爆炸，接着迅速膨胀。

在宇宙诞生之初，宇宙有着让人难以置信的高密度和高温度。

▲ 乔治·爱德华·勒梅特

嗯！很好的证据

在 1965 年，天文学家阿诺·彭齐亚斯和罗伯特·威耳孙发现的宇宙微波背景辐射，为大爆炸理论提供了很好的证据，让更多人开始认可大爆炸宇宙起源理论。

1.4亿年前：地球的恐龙时代
有了适宜的空气、阳光和水，地球上不但出现了生物，而且被种类繁多、体形各异的恐龙称霸了1.6亿年。

大爆炸过去2亿年后，宇宙已经膨胀得足够大，大量的氢和氦在引力作用下开始凝聚成密度较高的气团。

大约在5亿年之后，年轻的恒星和稠密的气团在引力的作用下聚集在一起，不断形成新的恒星和规模比较小的星系。

大约46亿年前，太阳和行星相继诞生。地球和太阳系的其他行星是由环绕太阳的各种残骸碎片聚集形成的。

时间过去了大约8亿年后，银河系开始形成。

200万年前，人类出现。
在未来，宇宙会继续保持扩张，而且扩张的速度越来越快，星体之间会越来越分散，空间温度也会越来越降低。

21

射电天文学的诞生

传统的天文学以观测星空和解释星光带来的信息为主要内容。但是，自从物理学有了长足进步之后，天体中"不可见"的部分，如X射线、γ射线、紫外线等，逐渐成为天文学研究工作的重点。而这些射线在穿越大气层时大多被吸收，所以想要深入研究并不容易。

射电望远镜是观测天体射电波的基本设备。

天线支架

▲ 射电望远镜

央斯基

央斯基和射电天文学

第一个发现宇宙无线电波的人是美国青年卡尔·央斯基。1928年，央斯基大学毕业后来到美国贝尔电话实验室工作。1931年，实验室为了无线电电话跨洋，建造了超级旋转天线阵，被称作"旋转木马"。当时央斯基的工作内容是研究短波通信的各种干扰。

央斯基借助旋转木马，第一次监测到来自宇宙深处的无线电信号。开始时，央斯基认为这种"嘶嘶"的信号声跟太阳有关，可是过了一段时间之后，他找出了其中的规律，他发现信号声总是提前4分钟来临，这让他开始质疑电波的来源。

后来，央斯基通过一位懂得天文学的朋友，得知每天恒星时的周期比太阳时的周期要短4分钟，于是他判断"嘶嘶"声的信号，来源于太阳系以外的某颗恒星。又过了一年，央斯基终于找到了射电源的方位，每当无线电阵指向银河系中心方向时，这种射电的噪声就会十分强烈。

再后来，央斯基对外宣布，他监测到了来自银心的射电辐射。随后，卡尔实验室公布了这一发现，这是人类第一次探测到来自银河的无线电波。从此，探索星空的另一扇大门被打开了，这就是无线电之门。这件事标志了射电天文学的诞生。为了纪念央斯基的发现，1973年，"央斯基"的名字成为天体射电流量密度的单位名称，简称"央"。

射电天文学研究第一人

美国的无线电工程师雷伯，是把射电天文学作为科学研究的第一人。1937年，他在自己的院子里建造了全世界第一架射电望远镜。这是一架由直径为9米的抛物面天线和接收机组成的射电望远镜。雷伯用它监测宇宙射电，他先确认了央斯基的发现，又结合后来的发现，发表了专业论文，推进了射电天文学的发展。

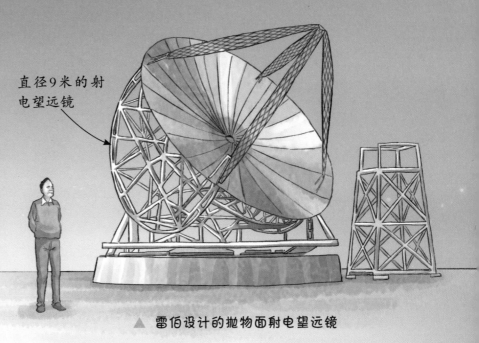

直径9米的射电望远镜

▲ 雷伯设计的抛物面射电望远镜

射电天文望远镜

射电天文望远镜的原理跟收音机很像，主要由天线、接收机和记录设备组成。天线起到了很好的吸引效果，好像大锅一样的金属"镜面"，可以把大面积的无线电波截取下来，然后再反射到焦点上。焦点上的"偶极子"元件，可以把汇聚的无线电波转换成电信号。

▼ 建设超级旋转天线阵

天线被称为"央斯基的旋转木马"。

天线被安装在转盘上，可以向任何方向旋转。

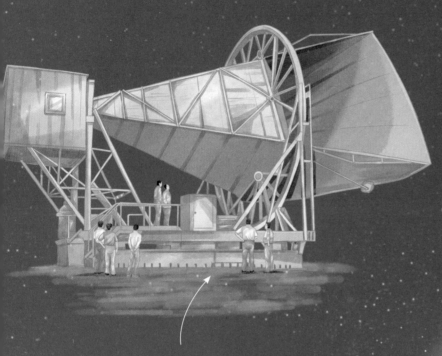

贝尔实验室的工程师彭齐亚斯和威耳孙在研究天线的噪声特性的过程发现了不明噪声。

宇宙微波背景辐射

彭齐亚斯和威耳孙研究后确定噪声跟天线的方向以及当下的气候和时间无关，应该是来自宇宙的。两人不清楚这个发现意味着什么，而普林斯顿大学的宇宙学家得到这个消息欣喜不已，因为这是他们苦苦寻找的宇宙微波背景辐射。

▶ 类星体

类星体堪称宇宙最强的辐射源。一个类星体的辐射功率可有整个银河系的几千倍。

四大发现

射电天文望远镜并不是传统意义上的望远镜，它通过巨大的天线收集电磁波，转换成图像或声音，让人类可以直观感受探测到的结果。到了 20 世纪 60 年代，射电天文望远镜为天文学研究带来意想不到的发现，其中四个重大的发现是类星体、宇宙微波背景辐射、脉冲星和星际有机分子。

类星体

从 1960 年开始，天文学家陆续在宇宙中发现了一种奇特的天体。从图像上看，它们好像恒星但又不是恒星；从光谱分析，它们好像星云但又不是星云；从这种天体发出的射电判断，它们好像是星系又不是星系。因此，称它为"类星体"。目前，经过搜寻，人类已经发现数千个类星体。

类星体通常距离我们十分遥远，所以在最初发现它的时候，天文学家对其也是知之甚少。类星体的性质就是外表好像遥远的恒星，但是辐射功率异常强大。有学者认为，类星体中心是一个超巨大的黑洞。

宇宙微波背景是我们在整个宇宙中所能看到的最古老的光。

宇宙微波背景辐射产生于宇宙刚刚诞生的时期。

▲ 宇宙微波背景辐射图

▼ 脉冲星

脉冲星密度非常大，辐射力极强。

不断地发出电磁脉的中子星

高速自转形成的脉冲星

脉冲星

　　脉冲星是旋转的中子星，因为周期性发射电磁脉冲信号而得名。1967 年 10 月，安东尼·休伊什和丝琳·贝尔首次发现脉冲星。在茫茫宇宙中，脉冲星是难得一见的超级迷你星体，最典型的脉冲星半径约为 10 千米。别看脉冲星个头小，如果你知道了它的能量输出，一定会大跌眼镜的。天文学家曾经计算过，一颗脉冲星的输出能量相当于 1000 万个太阳。

▼ 星际气体中的有机分子

星际有机分子

　　1969 年 1 月，美国天文学家斯奈德等人使用直径 43 米的射电望远镜，在射电源人马座 A 和人马座 B2 的背景上，发现了星际甲醛分子。这是人类第一次发现星际有机分子，这一发现可以帮助人类了解星云及恒星的演变过程。

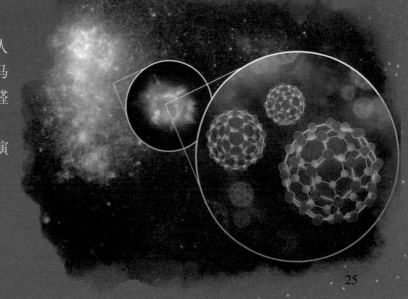

史蒂芬·霍金

史蒂芬·霍金是轮椅上的科学家，在宇宙学、黑洞研究上取得的成果令各国科学家赞叹不已。就是这样一位在 21 岁就被医生诊断患有绝症，活不过两年的年轻人；就是这样一位瘫痪在轮椅上，除了眼球全身都不能动的科学家。他凭借坚韧的意志力和乐观的心态，在不足 80 年的生命中，创下了科学的奇迹。

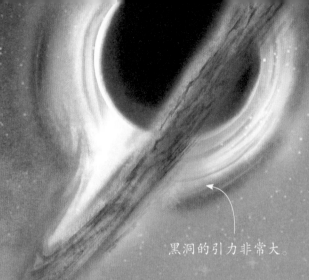

黑洞的引力非常大。

奇点　视界边界　视界

霍金辐射

正能量粒子

负能量粒子　霍金辐射

霍金辐射示意图

霍金人生的各个阶段

霍金小传

1942 年的 1 月 8 日，史蒂芬·霍金生于英国牛津的高级知识分子家庭。他家中每个人都是一边看书一边吃饭。

小时候的霍金矮小瘦弱，头部异于常人的大。在学校，他喜欢与人讲话，热衷于弄清一切事情的来龙去脉，喜欢把新奇的东西拆开一探究竟。

1959 年，17 岁的霍金进入牛津大学攻读自然科学。获得学位之后，又转入剑桥大学研究宇宙学。在大学里，他是个幽默的、喜欢运动的青年。

21 岁时，霍金不幸被确诊患肌萎缩性脊髓侧索硬化症，不久后全身瘫痪。当时医生说他只能活两年，可他坚强地活了下来。并在 23 岁时获得博士学位，之后留在剑桥大学进行研究工作。

从 1973 年开始，霍金对黑洞和宇宙的起源理论进行了开创性的研究，先后提出了霍金辐射、无边界宇宙模型等理论，并且跟彭罗斯共同创立现代宇宙论，提出宇宙奇点理论。

1985 年，霍金因患肺炎而做了气管切开手术，这使他完全丧失了说话的能力，演讲和日常对话只能通过语音合成器来完成。

1988 年，霍金的科普著作《时间简史——从大爆炸到黑洞》出版，该书从研究黑洞出发，引导读者遨游外层空间奇异领域，探索了宇宙的起源和归宿，该书被译为多种语言畅销世界。

2018 年 3 月 14 日，霍金去世，享年 76 岁。霍金是爱因斯坦之后最著名的科学思想家和理论物理学家。

奇点是宇宙引力大坍缩灭亡的点，也是宇宙大爆炸诞生点。

霍金的预言

霍金留下了许多著名的"预言"，比如：人类要想延续，必须着力于移民外星球；外星文明的存在性非常高，但与之接触可能会给人类造成危险；人工智能在未来可能超过人类智慧，对人类造成威胁等。

黑洞爆发

黑洞不仅可以不断地吸积周围的物质，来增加自身质量，还可以将物质向外发射出去。

黑洞如同漩涡，只要靠近就会被强大的吸力吞没。

霍金是现代最伟大的物理学家之一。

望远镜的发展

望远镜自诞生之日起，它就相当于人类观测天空的第三只眼睛。可以说，没有望远镜的诞生和发展，就没有今天天文学的发展。从观测可见光的光学望远镜，到收集射电波的射电望远镜，望远镜每次改进与提高，都伴随着天文学的巨大的飞跃。

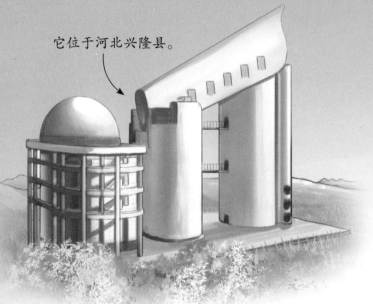

它位于河北兴隆县。

▲ 郭守敬望远镜

郭守敬望远镜

大天区面积多目标光纤光谱望远镜（即郭守敬望远镜，也称 LAMOST）于 2008 年 10 月建成，隶属于中科院国家天文台。这是一架视场为 5 度，有效通光口径为 3.6 米~4.9 米的望远镜，它的球面主镜和反射镜均采用拼接技术，并且采用多目标光纤的光谱技术，光纤数可达 4000 根，实现大口径和大视场兼备的功能。

哈勃太空望远镜

哈勃太空望远镜是由美国宇航局主持建造的。它筹建于 1978 年，1990 年 4 月 24 日由航天飞机运载升空。哈勃空间望远镜主体是一个长 13.3 米、直径 4.3 米的铝制圆筒，采用卡塞格林式反射系统，口径为 2.4 米，有效焦距 57.6 米。它配载有广域和行星照相机、暗天体照相机、高解析摄谱仪在内的多种科学仪器。

高增益天线
遮光罩
前镜筒
尾罩
太阳电池翼

▲ 哈勃太空望远镜

太空望远镜

太空望远镜也叫作空间望远镜，可以最大限度收集太空的光线。太空望远镜把望远镜设在太空，相当于把人类的眼睛放到了太空，可以避免大气层对观测的影响，可以得到更清晰、更精确的天文资料。自 1990 年以来，太空望远镜已经成为最多产的天文望远镜之一。

500 米口径球面射电望远镜

1937 年，美国人雷伯在得知央斯基接收到来自银河系的电波后潜心研究，第一台射电望远镜问世。中国推动的"十一五"重大科技基础设施建设项目中，所建造的 500 米口径球面射电望远镜，又称为"中国天眼"（FAST）则开创了建造巨型望远镜的新模式。

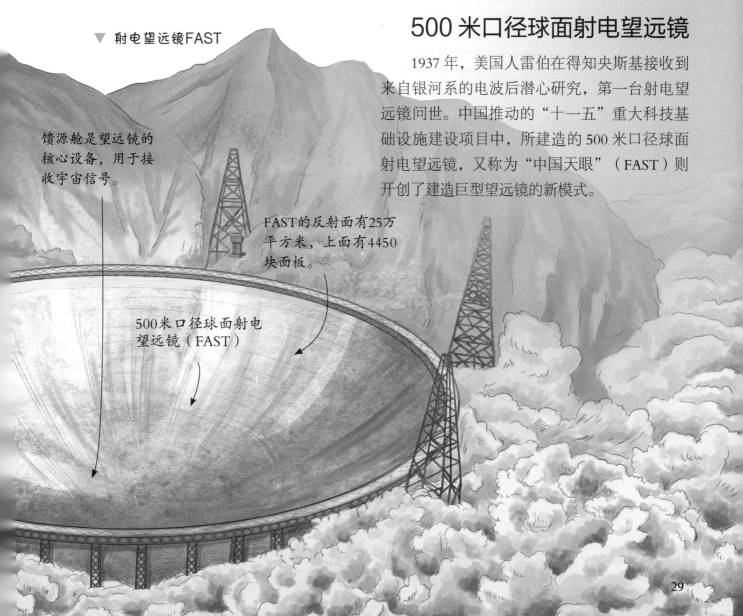

▼ 射电望远镜FAST

馈源舱是望远镜的核心设备，用于接收宇宙信号。

FAST的反射面有25万平方米，上面有4450块面板。

500米口径球面射电望远镜（FAST）

太空探测

自远古时代开始，人类对宇宙空间就有无限的遐想。天文学、宇宙学和物理学的发展，以及航空技术的日新月异，为人类插上了翅膀。我们不仅可以看到更远的宇宙，还可以迈开双脚，在外层空间留下探索的脚印。探索太阳系、登上月球、太空移民和太空能源利用……相信在不久的将来，太空探测可以解决更多人类生活中的实际问题。

"探险家1号"

"阿斯特里克斯号"卫星是法国军方第一颗人造卫星。

法国的"昴宿星号"卫星

"东方红1号"

人造卫星

人造卫星，也叫人造地球卫星，它是环绕地球在固定轨道上运行的无人航天器。自 1957 年人类第一颗人造卫星发射成功，到 20 世纪 60 年代，在短短的数十年里，全球人造卫星的发射数量已经占到航天器发射总数的 90% 以上。人造卫星已经成为空间探测最重要的航天器，也是发射数量最多、用途最广、发展最快的太空探测器。

▲ 各种各样的卫星

▼ 围绕着地球运转的人造卫星

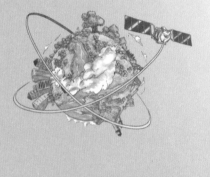

▼ 导航卫星

人造卫星的分类

人们习惯上将人造卫星按照用途分类，分为科学卫星、技术试验卫星和应用卫星 3 大类。其中，应用卫星是使用数量最多的一类，主要服务于国民经济、军事项目，包括通信卫星、导航卫星、气象卫星、地球资源卫星、截击卫星等。

载人航天器

载人航天器的发明堪称 20 世纪人类最伟大的壮举。截至目前，人类使用的载人航天器主要有载人飞船、航天飞机和空间站。2003 年 10 月 16 日，中国首位航天员杨利伟随"神舟五号"返回舱平稳着陆，标志着中国成为继俄罗斯、美国之后，第三个将航天员送上太空的航天大国。

▼ "东方1号"的升空与降落

1961年4月12日，"东方1号"宇宙飞船载着27岁的宇航员尤里·加加林进入太空。

"东方1号"绕地球运行了一周。

空间探测器

人们对于行星的探索，首先需要近距离观察，在宇航员飞到那些行星之前，科学家们的探测器已经被送到那里。1989 年，"伽利略号"太空探测器升空，为科学家们传回了木星的大量资料。2020 年 7 月 23 日，中国首个火星探测器"天问一号"发射升空，标志着中国太空探测的巨大进步。

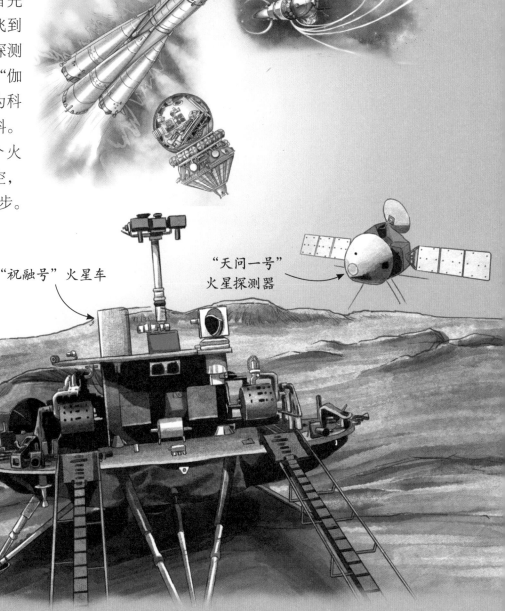

"祝融号"火星车

"天问一号"火星探测器

探测器登陆火星。

火星探测

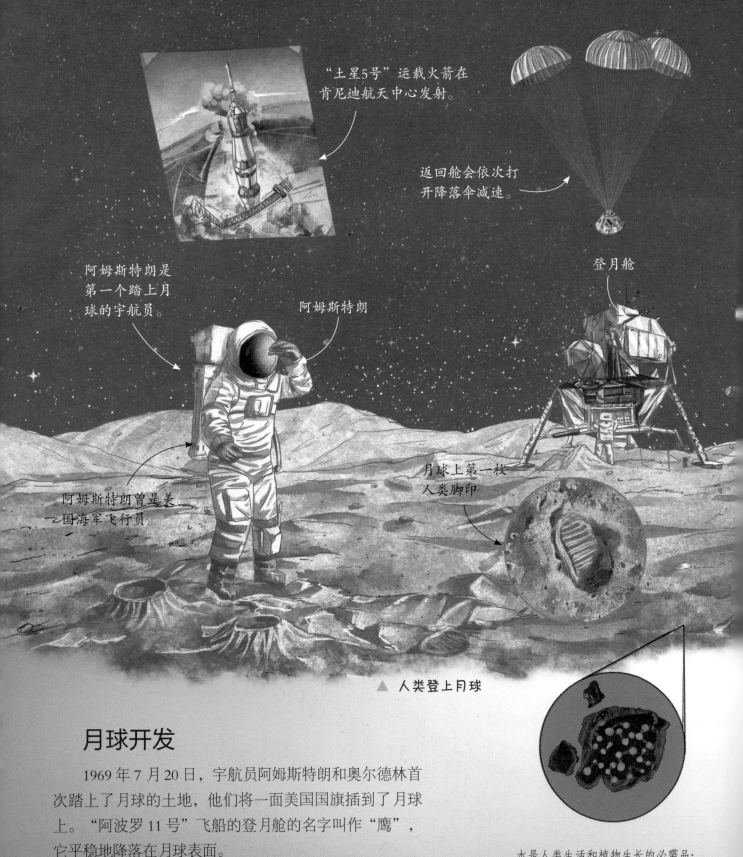

"土星5号"运载火箭在肯尼迪航天中心发射。

返回舱会依次打开降落伞减速。

登月舱

阿姆斯特朗是第一个踏上月球的宇航员。

阿姆斯特朗

阿姆斯特朗曾是美国海军飞行员。

月球上第一枚人类脚印

▲ 人类登上月球

月球开发

1969 年 7 月 20 日，宇航员阿姆斯特朗和奥尔德林首次踏上了月球的土地，他们将一面美国国旗插到了月球上。"阿波罗 11 号"飞船的登月舱的名字叫作"鹰"，它平稳地降落在月球表面。

2009 年 10 月 9 日，"半人马座"运载火箭箭体与月球探测器 LCROSS 完成对月球的撞击。之后，美国国家航空航天局对外宣称，他们在月球南极附近发现了"数量可观的水"。

水是人类生活和植物生长的必需品；水经过电解产生氢、氧，是火箭发动机的推进剂，而火箭是人类开发月球的必备航天器。所以，一旦水的问题解决了，人类在月球的长期生活和月球基地的建设，都将有可靠保证。

探测器高难度的发射技术

将探测器送到某颗遥远星球的轨道上，并不是一件容易的事。这相当于坐在游乐场高速旋转的椅子上，将皮球扔到远处过山车中刚好位于轨道顶端的朋友手里。细说起来，高难度主要存在于两个方面：一是地球作为发射基地，以每分钟超过 27 千米的速度在自转，而月球引力导致了地球轨道的震动；二是目标行星正沿着轨道运转，而且卫星引力很可能使公转轨道发生形变。

美国、苏联的太空之旅

从 20 世纪 60 年代中期开始，美国和苏联陆续向太空发射科研探测器，开启了越来越远的太空之旅。1965 年，美国的"水手 4 号"发回火星地表的照片。1966 年，苏联的"月球 9 号"实现月球软着陆，并回传了月球近距离的照片。1967 年，苏联的"金星 4 号"，回传了关于金星大气的数据。1970 年，"金星 7 号"成功登陆金星，并发回了星球表面的大量数据。这一时期，美国发射了一系列"水手号"和"海盗号"，将注意力全部集中在火星上。而苏联发射了更多的金星探测器。

月球车

月球上覆盖着厚厚的月壤。

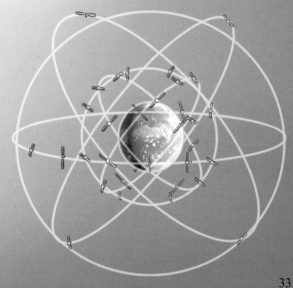

▼ 北斗卫星导航系统

从更高的地方监测地球

人类对地球的监测，一直保持着高度关注。卫星的地理信息系统、全球定位系统、遥感系统可以从更高的地方监测地球，为我们提供关于地球的及时而详细的数据。比如，北斗卫星导航系统（BDS）可实现全球和近地空间的全方位监测，可应用于交通运输、农林渔业、水文监测、气象测报、通信系统、电力调度等领域。

第二章 数学

天文学家需要利用数学方法来解释和测量天体运动，高斯曾说过："数学是科学的皇后。"数学是一个古老而充满魅力的学科，在古代文明时期，人们就开始用算数和集合来解决实际问题。接下来，东西方的数学家们解决了一个个数学问题，又提出了一个个数学问题，数学也由此一步步地发展起来。

数学的起源

作为推动人类文明进步不可或缺的一门科学，数学究竟是怎么起源的？几千年来，这个问题一直萦绕在人们的脑海之中。事实上，早在原始社会，我们的祖先就有了"数"的概念，并在此基础之上发明出了一些"解放双手"的记数方法。虽然这些方法现在看来有些原始，但它们无疑对人类社会的发展进程产生了积极且十分重要的影响。

采集是原始社会获取食物的方式之一。

▲ 采集野果

手指是最早的记数工具

现在如果有人还用手指记数，怕是要被人嘲笑一番了，不过在原始社会却恰恰相反。那时因为群居生活，大家外出打猎或者采摘得到的食物会平均分配。这时，人类开始有了用手指记数的办法。

绳上打结

人的手指加上脚趾的数量是有限的，随着获得的食物越来越多，用手指、脚趾记数不够用怎么办？于是人类又想出了在绳上打结的方法，也就是结绳记事。不同的绳结代表着不同的数量，大结和小结表示获得猎物的大小。

绳结的大小可以表示事情的轻重缓急。

▼ 结绳记事

中国古老的民族拉祜族，直到20世纪50年代还保留有结绳记事的习惯。

狩猎获得的猎物

借助小物件来记数

除了结绳记事之外，人类还在大自然中寻找到了其他记数工具，比如石头。随处可见的小石子非常适合用来记录自家豢养的动物。今天又多了两只，就加两个小石头。如果吃了一只，就丢掉一颗小石头，非常方便。后来随着圈养动物种类的增加，人类还学会用不同的小玩意来代表不同的动物。木棍、贝壳、豆子等都成为记数工具。

动物被驯化饲养。

▲ 用石子记数

▼ 刻满痕迹的狒狒腓骨

距今约有20000年。

1960年，在刚果被发现，考古学家根据上面的划痕猜测，它是可以用来记数的工具。

刻痕为号

在众多记数方法中，我们祖先总想找到一种最为便捷的方法。于是你就会发现，他们会在大树、兽骨或者其他对他们来说方便的物件上通过划痕的方式来记数。

▼ 刻痕计数

原始人善用石头做工具。

刻痕技术与结绳记事有异曲同工之妙。

狩猎归来的原始人

古代数学

数学几乎贯穿了我们所有的学科，对人类文明的进步与发展来说极为重要。数学从四大文明开始建立，人们在生活与劳动中渐渐认识到数字的重要性，并发现它与我们的生活息息相关。原本简单的记数方法已经不能满足人们的生活与生产需求，于是早期的数学应运而生。

▼ 古巴比伦楔形文字泥板

小百科

人类对古巴比伦数学的研究起始于19 世纪初考古学家发掘出来的楔形文字泥板。考古学家们在现在的伊拉克境内发现了大量泥板，上面记载了很多当时古巴比伦流行的数学方法和其他数学知识。

▼ 正在耕种的古巴比伦人

古巴比伦人用牛拉犁耕地。

人们用绳子等工具丈量土地。

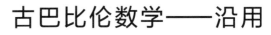

古巴比伦数学——沿用至今的六十进位制

古巴比伦人在用手指记数的过程中发现，每数到十就要重来一遍，于是早期的"逢十进一"概念就产生了。后来他们还通过观察月的圆缺发明了六十进位制，直到现在我们依然在使用六十进位制，比如时间的换算。为了满足现实生活的需要，他们还掌握了许多科学的数学方法，比如乘法表、倒数表、开平方、开立方，甚至是几何知识也不在话下。

▼ **莱茵德纸草书**

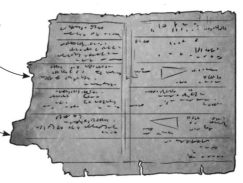

莱茵德纸草书被保存于大英博物馆。

它是世界上最古老的数学著作之一。

▼ **制作纸草书**

采集纸莎草

人们在处理纸莎草的茎。

古埃及数学——纸草书上的数学成就

我们现在之所以可以研究古埃及时的数学成就，要感谢古埃及人发明的一种纸草书。据说在尼罗河附近有一种水生植物名为纸莎草。古埃及人把这种植物碾压风干，然后用一种特殊的液体在上面书写，因而得名"纸草书"。提到古埃及数学，你肯定最先想到的就是金字塔运用到的几何知识，包括最早的圆周率概念。不过，纸草书上还记载了其他方面的数学知识，从简单的加、减、乘、除运算，到分数的运用，甚至还包括一元一次方程和二元二次方程组的特殊问题。

古印度数学——数学发展的大跨步

作为四大文明古国之一的古印度，自公元前 2500 年前的河谷文明开始，古印度人就与数学产生了渊源。同大多数文明一样，他们对数学的概念也是从平时的生产生活中慢慢积累得来的。我们知道，早期的数学中没有数字"0"，直到公元前 550 年前后，印度的一位数学家首次把"0"当作一个数字来使用。后来在引进十进制后，人们又用"0"与相应的个数符号组成了表示十、百的记数方式。这个看似简单的方法，实际是整个数学发展的大跨步。

▲ 古印度巴克沙利手稿

1881 年，考古学家在今天的巴基斯坦西北部发现了一本名为《巴克沙利手稿》的古印度数学资料。它记录了古印度数学知识，包括分数、平方根、数列、各类方程组等。

柏拉图学园是欧洲历史上第一所综合性学校。

▼ 柏拉图学园中学者们在讨论数学

柏拉图学园门口竖着一块牌子，上写：不懂几何者不得入内。

古代中国数学——从不屈居人后

世界四大文明古国之一的中国，也自原始公社时期就对数和形有了基本的概念。商朝时期的甲骨上就已经有了对十进制数学和记数法的记载。我们传统的天干地支纪年法是为了方便记录日期，还有阴阳八卦发展为六十四卦也是为了表示 64 种事物。春秋战国时期的筹算计数以十进位制为基础，又发展出了四则运算等多种复杂的运算方式，对世界数学发展的影响深远。秦汉时期著名的《九章算术》后来流传到西方国家，促进了中西方数学的大融合。

用算筹表示数，有纵式和横式两种形式。

算筹是一种中国古代记数工具。

▲ 用算筹进行计算

古希腊数学——哲学数学不分家

古希腊时期，大家普遍认为数学家都是从哲学家演变过来的。古希腊最早的哲学家泰利斯不仅提出了世界的本源是什么，同时也发现许多关于"形"的命题，为后期几何学的建立迈出了第一步。后来毕达哥拉斯将古埃及和古巴比伦的数学引进古希腊，并提出了"万物皆数"的理念，此后数学逐渐开始向独立学科发展。

柏拉图学园中，学者们聚在一起探讨问题。

希腊的"几何三杰"

希腊数学分为三个发展阶段。公元前 146 年，罗马帝国吞并希腊，开始了亚历山大统治时期。亚历山大统治前期是希腊数学的黄金时期，这时出现了很多伟大的数学家。

他是古希腊最负盛名、最有影响的数学家之一。

几何之父

欧几里得是古希腊著名的数学家。他整理编写的 13 卷《几何原本》是一笔巨大的财富。这本著作囊括了公元前 7 世纪以来古希腊关于几何的各种知识，它使得几何可以被作为一门独立的学科深入研究。欧几里得也因此被世人称为"几何之父"。除此之外，书中还集合了各种几何定义、定理以及证明等。

▲ 欧几里得

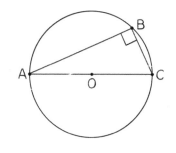

▲ 《几何原本》

数学界的"牛顿"

阿基米德在古希腊人心目中的地位，相当于牛顿之于物理学者们。阿基米德少年时就被送到了当时著名的文化之都亚历山大里亚，跟随欧几里得的弟子学习数学知识。

阿基米德在几何方面的造诣不亚于欧几里得。他曾经先后发现了几十条几何定理。他进一步发展了"穷竭法"，可以应用于多种几何体的表面积和体积的计算中，其中蕴含着现代微积分的思想，可以称其为"现代微积分的先导"。此外，他还独树一帜地发明了记任意大数的方法，突破了希腊字母记大数不能超过 1 万的极限。

▼ 阿基米德在研究几何

阿基米德曾利用几何知识制作过许多机械工具。

▼ 阿波罗尼奥斯问题

"阿波罗尼奥斯问题"是一道非常著名的几何题：平面上给定3个圆，如何作出与3个已知圆都相切的圆。

阿波罗尼奥斯证明了圆锥曲线。

《圆锥曲线论》是代表古希腊几何水平最高的一部著作。

▲ 阿拉伯文《圆锥曲线论》抄本

▲ 阿波罗尼奥斯正在演示几何问题

圆的变戏法

阿波罗尼奥斯与欧几里得、阿基米德并称为"几何三杰"。和阿基米德一样，少年时的阿波罗尼奥斯也曾跟随过欧几里得的弟子学习。《圆锥曲线论》是他众多著作中最为出名的一部。他在其中总结了前人的智慧，同时加入了自己的研究，为后世人们研究坐标几何奠定了基础。他最著名的"阿波罗尼奥斯问题"即用一个圆与三个已知圆相切的作图题到现在依然被人们探讨着。

"代数学之父" 韦达

弗朗索瓦·韦达，著名的法国数学家，1540年出生于法国的普瓦图。他在从事数学研究之前还学习过法律，后来走上仕途。在法国与西班牙战争时期，他通过自己的数学才能成功破译了西班牙作战机密，险些为自己引来杀身之祸。此后，他回归平民生活，在数学的海洋里尽情遨游。

韦达在欧洲被尊称为"代数学之父"。

兴趣是最好的老师

我们常说"兴趣是最好的老师"。韦达对数学的研究就建立在兴趣爱好的基础上。他将代数与三角函数完美融合，写出了《应用于三角形的数学定律》，将多种三角函数的系统用于平面和球面三角学中。这使他稳坐"代数学之父"的宝座。

▲ 韦达

与罗门的数学之战

据说，曾经有一位比利时的罗门提出一个45次方程来挑战世界所有的数学家。韦达通过计算给出23个解。中国有句老话，叫"来而不往非礼也"。韦达也给罗门出了一道难题，就是前文我们讲过"阿波罗尼奥斯问题"。结果罗门又败下阵来。而韦达则利用尺规作图法得出了答案。

16世纪，欧洲男子流行穿紧身裤。

代数的分析表达式

1591 年，韦达的《分析术引论》作为最早的符号代数专著面世了。后来他又出版了多本"分析"的著作。他认为"分析"这个词可以概括当时许多的代数内容和方法。他创造了大量的代数符号，他也是第一个有意识用字母来表示已知数、未知数以及乘幂等数学问题的人，推动了代数的理论研究进程。

代数几何不分家

虽然韦达最突出的成就是在代数方面，不过我们也不能因此而忽视他在几何方面的贡献。他曾明确地给出了圆周率∏的无穷运算表达式，将∏值精确到了小数点后 16 位。为后来笛卡尔发展解析几何学奠定了基础。

∏是希腊字母，即π的大写形式。

$\pi/4 = 1 - 1/3 + 1/5 - 1/7 + \ldots\ldots$

$\pi^2/6 = 1 + 1/2^2 + 1/3^2 + 1/4^2 + \ldots\ldots$

$\pi^2/8 = 1 + 1/3^2 + 1/5^2 + 1/7^2 + \ldots\ldots$

$\pi^2/12 = 1 - 1/2^2 + 1/3^2 - 1/4^2 + \ldots\ldots$

$\pi^3/32 = 1 - 1/3^3 + 1/5^3 - 1/7^3 + \ldots\ldots$

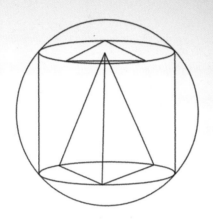

▼ 韦达与罗门的数学之战

对数真奇妙

说起对数，大多数中学生应该不陌生。作为初等数学的重要内容，对数的创立使复杂运算变得更加简单。恩格斯甚至将对数称为"17世纪的三大数学发明之一"。

纳皮尔是对数的发明者。

纳皮尔不仅是数学家，还是物理学家、天文学家、军事学家……

▲ 约翰·纳皮尔

对数的缔造者

对数的创始人是苏格兰数学家约翰·纳皮尔。约翰·纳皮尔所处的时代是哥白尼"日心说"风靡的时代。那时许多天文学家都开始了对宇宙的探索，但随之而来的是大量复杂的数学计算。作为一位天文爱好者，纳皮尔立志找到一种简化的运算模式。于是1614年纳皮尔的著作《奇妙的对数之说明》就与人们见面了。这部著作震惊了整个欧洲。

对数的改良

实际上，纳皮尔的对数与我们现在使用的对数还是有区别的。那时对数中的指数还不存在，纳皮尔所推出的对数是在直线运动研究的基础上得出的。在纳皮尔去世后，伦敦的数学家布里格斯在他的基础上为了计算更为方便，将纳皮尔对数改造为常用对数表。在随后的几年里，又有许多数学家纷纷在他们的基础上改良了对数。

▼ 纳皮尔在进行计算

纳皮尔13岁时就进入圣安德鲁斯大学学习。

中国的对数发展

对数在西方国家盛行时，我国的对数发展也没有停滞。明末清初时，我国的数学家薛凤祚也开始在计算中引进对数以及三角函数的知识。1653 年，他重新编制的著作《历学会通》中，介绍了 10000 至 20000 的常用对数。

明末清初的天文学家、数学家

▶ 薛凤祚
清朝人的长袍

纳皮尔筹上写着密密麻麻的数字。

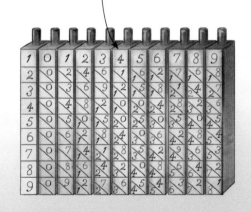

▲ 纳皮尔制作的对数工具

奇妙的对数

说了这么多，对数到底有多神奇呢？举个简单的例子，现代数学中的对数在计算两个复杂数的乘积时，通常会先查询《常用对数表》得出这两个数的常用对数后，再计算它们相加后的和值，再查询《常用对数的反数表》也就是这个和值的反对数值，从而得到了这两个复杂数的乘积。我们大可以把它们理解为"化乘除为加减"，这也是对数将复杂运算简化的明显特征。

初识解析几何

解析几何可以说是数学中最基础的内容，也是科技发展中不能缺少的数学工具。自古希腊数学家研究圆锥曲线开始，解析几何就已经萌芽了。在前人成果的基础上，数学家笛卡尔和费马又先后为解析几何的建立与发展贡献了力量。

数学的坐标——笛卡尔

法国数学家勒奈·笛卡尔，自青少年时起就十分喜爱数学，一直到他离世前，笛卡尔都在研究数学。在数学家眼中随处都有数学知识。你知道基础的坐标系是怎么被提出来的吗？是笛卡尔通过观察一只苍蝇在天花板与地面间的飞行轨迹而得来的。他将几何问题通过坐标系转变为代数方程式，也就有了解析几何的诞生。

小百科

笛卡尔因为其数学成就被人们所熟知，事实上，他还是一位伟大的哲学家。著名的哲学思想"我思故我在"就是他的经典理论。

观察苍蝇飞行轨迹

笛卡尔发明的坐标系将几何和代数结合起来。

▲ 笛卡尔

笛卡尔不仅是数学家，也是物理学家和哲学家。

笛卡尔对现代数学的发展做出了重要的贡献。

字母与数学的联系

前面我们讲过韦达这位"代数学之父"是第一个有意识用字母代表数学概念的人。笛卡尔在他的基础上将代数符号进行区分，提出了更为科学的笛卡尔符号法。他用a、b、c……来表示已知数，未知数用x、y、z来表示。这些符号直到现在仍然贯穿于我们的数学学习当中。

老死不相往来的同行

在笛卡尔发现可以用平面直角坐标来表示几何曲线的同时，与他同时代的另一位伟大的数学家费马，也得到了同样的结论。一山不能容二虎，一个理论的提出者也得分出先来后到，为此两个人争论不休。但争论的结果就是，两位伟大的数学家一生都未曾有过一次合作。

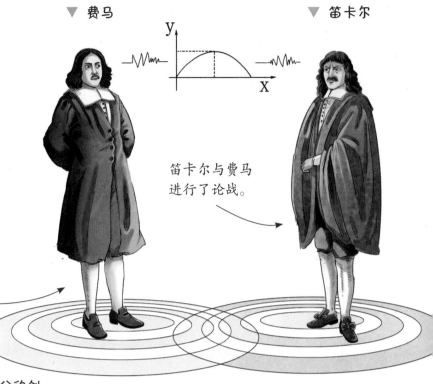

▼ 费马　　　▼ 笛卡尔

笛卡尔与费马进行了论战。

费马是一位全才式的数学家，在各个方面都有杰出的贡献。

▼ 笛卡尔创立的解析几何为微积分的创立奠定了基础

微积分的基础

笛卡尔将几何的元素与代数的研究对象结合起来，将曲线或者曲面与方程组对应，开创了数与形的大融合，后来引入变量的数学理论，为后来牛顿创立微积分学科打下了基础。

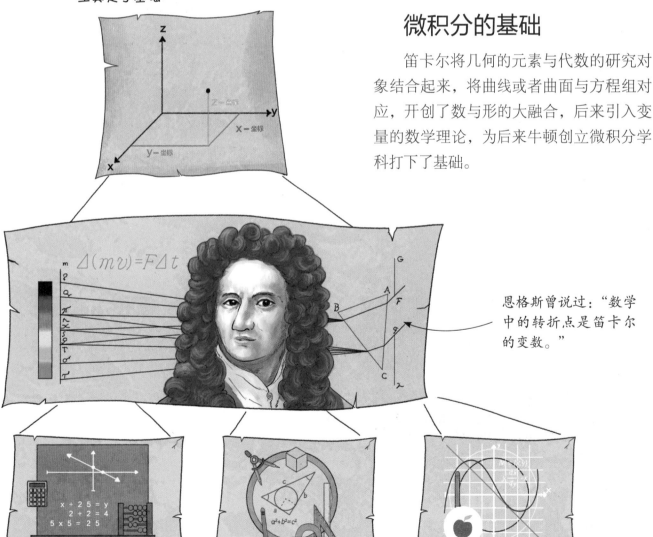

恩格斯曾说过："数学中的转折点是笛卡尔的变数。"

射影几何和概率论的"萌芽"

18世纪至19世纪，数学领域又出现了两个新的探索方向，分别是射影几何和概率论。这要感谢法国的天才数学家布莱士·帕斯卡。他在16岁就提出了"帕斯卡定理"，不仅开拓了新的数学研究领域，还在19岁时发明了世界上第一台机械计算机。

小百科

何为帕斯卡定理？就是如果一条圆锥曲线（圆、椭圆、双曲线、抛物线）内接一个六边形，那么它的三条对边的交点在同一条直线上。

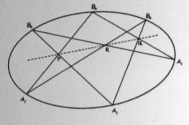

▼ 帕斯卡制作加法器

帕斯卡

1642年，帕斯卡设计并制作了一台能自动进位的加减法计算装置。

▼ 加法器

加法器是由一系列齿轮组成的机械装置。

轮子分别代表着个、十、百、千、万、十万等。

最早的机械计算机——加法器

帕斯卡的父亲曾经是一名税务官，每天的财务计算任务十分繁重。帕斯卡为了减轻父亲的工作量，就自己设计发明一种可以进行加减法运算，包含十进位制的加法器。这就是世界上最早的机械计算机之一。

"帕斯卡三角形"

这是帕斯卡以自己的名字命名的一种有趣的数学模型。他通过研究二项式系数在三角形中的一种几何排列规律而得名。其实我国北宋的数学家贾宪和南宋的数学家杨辉都曾先后提出过，因此其也被称为"杨辉三角形"。

贾宪

帕斯卡

杨辉

杨辉三角形是一个无限对称的数字金字塔，在欧洲被称为"帕斯卡三角形"。

概率论的创立

帕斯卡在数学方面最大的贡献就是创立了概率论。据说他曾经与数学家费马讨论过两个问题，分别是关于同时用两个骰子掷出六的概率以及如果赌徒提前结束赌局应该如何分配赌金的问题。这就是概率论和加入变量后组合分析方面的最早研究。

▼ 帕斯卡与费马探讨概率问题

色子也称骰子，古时候色子是用骨头、木头等制成。

牛顿

微积分的诞生

莱布尼茨

微积分怕是现在很多学生的噩梦吧？尽管微积分到现在依然令许多人望而生畏，但纵观整个数学发展史，却不能不承认，微积分的创立对数学甚至科学进步产生了巨大影响。

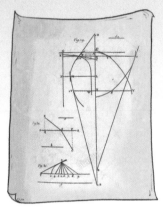

▲ 莱布尼茨的手稿

▼ 牛顿流数手稿
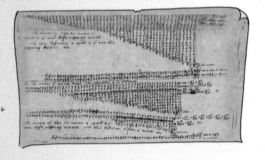

微积分的创立

微积分到底是什么？这个数学概念研究的是函数的导数、积分及其有关概念和应用。其实早在古希腊时期，人们就有了微积分的早期意识。随着时代的发展和科技的进步，一些数学家通过代数和几何研究也为微积分的创立奠定了基础。直到 17 世纪后期微积分的创立，可以说是数学史上的一次伟大变革。

两种理论

17 世纪后期，英国科学家牛顿和德国的数学家戈特弗里德·威廉·莱布尼茨分别提出了关于微积分的理论，并在自己的国家以"第一个微积分的发现者"而闻名。在牛顿的微积分理论中，正流数术和反流数术也就是微分和积分是两类可以互逆的运算关系。他的研究建立在物理学理论的基础上，又结合了运动学的理论。莱布尼茨的微积分法则是通过研究三角形特征，通过积分变化，从而得出平面曲线的面积公式，其实是建立在几何分析方法的基础上。它们都是人类在研究数学科学与科技发展上不可缺少的重要工具。

莱布尼茨的数学探索

德国数学家莱布尼茨出身于书香世家。他除了独立创立了微积分，在数学方面还有许多伟大成就。他在数学中引入的函数这个概念，之后成为整个数学的重要名词。与帕斯卡一样，莱布尼茨也是数学界的发明家。19世纪70年代，他制作出了自动做四则运算的计算机，它的出现是计算工具进一步发展的重要标志。

谁才是发明者？

人们常说同行见面分外眼红，但是科学家们有时却是互相欣赏的。虽然现在我们将牛顿和莱布尼茨并称为微积分的发明者，但在当时关于"谁才是发明者"的讨论却上升到了国家荣誉的高度。尽管如此，牛顿和莱布尼茨还是很欣赏对方的。他们互相来往密切，也承认对方的功绩。只是牛顿去世后，他留下的数学成果发展几乎停滞，而莱布尼茨却在欧洲大陆将牛顿的数学理念继续发扬光大。

小百科

莱布尼茨在1684年发表了第一篇关于微分学理论的文章《一种求极大、极小和切线的新方法》，比牛顿的《自然哲学的数学原理》要早3年。

◀ **莱布尼茨乘法器**

业余数学家费马

皮埃尔·德·费马，是 17 世纪法国数学发展的领军人物。他对法国甚至是整个人类数学领域的发展都做出了巨大的贡献。他的成就几乎覆盖了数学所有领域。然而，这位伟大的数学家并非科班出身。他一生从未接受过正规的数学教育，但这并不影响他成为数学发展史上里程碑式的人物。

解析几何的是是非非

说到解析几何，大概很多人最先想到的就是笛卡尔和费马的名誉之争。我们先来了解一下费马对解析几何做出的贡献，我们知道笛卡尔是通过观察一只苍蝇的飞行轨迹，得出可以通过各种线的轨迹来分析他的方程式的结论。而费马的解析几何论则恰好与之相反，他在自己的著作《平面与立体轨迹引论》中指出方程可以描述曲线，并可以通过方程的研究推断曲线的性质。

费马建立了求曲线切线的方法，以及求最小值与最大值的方法。

费马和笛卡尔对解析几何的贡献是不分伯仲的。

阿基米德

莱布尼茨

牛顿

▲ 对微积分有杰出贡献的数学家

继牛顿、莱布尼茨之后的微积分王者

在微积分学的确立上，费马的贡献仅次于牛顿和莱布尼茨。而早在公元前，古希腊阿基米德的"穷竭法"，似乎已有了现代微积分的影子。费马曾经在与其他数学家的讨论中提出过关于求函数极大、极小值的方法，相当于现在求极点的方法。同时他还提出了关于曲线下面积的问题，这符合积分学的探讨范畴。

概率论的合伙人

费马和帕斯卡是从一个掷骰子博弈的讨论中得出的概率论。他们探讨得出概率的基本原则就是数学期望。数学的概率问题打破了数学知识的公理、定理化，人们发现在有限的空间内一旦加入变量就会将数学世界变成一个奇妙而富有挑战的探索之旅。

费马大定理的挑战

1637 年，由费马提出的费马大定理，可以说给人类带来了前所未有的挑战，直到 300 年后仍然未能有人得出答案。这是他在阅读丢番图的《算术》一书时在书的空白处写下的命题。因为一直没能得出完美的答案，所以又被称为"费马最后定理"。

小百科

设 n 为大于 2 的整数，则方程 $x^n + y^n = z^n$ 中，没有 x,y,z 全不为 0 的整数解。这个著名的定理带给其他数学家们很多挑战。一些数学家分别求得了 n 为 3、5、7 时的证明，费马自己的论文中有关于 n=4 时的证明。直到 1994 年，泰勒和维尔斯证实了这个理论的一般结果，才终于把这个困扰人们 300 多年的难题解开。

▼ 费马点

"费马点"是位于三角形内且到三角形三个顶点距离之和最小的点。

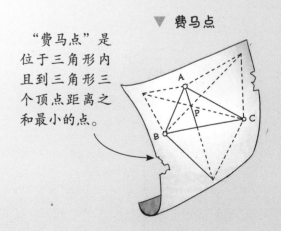

微积分学的发展

自 17 世纪牛顿和莱布尼茨分别提出微积分理论后，许多数学家都在这一领域有所建树。到 18 世纪，数学家们纷纷在前人的基础上对微积分展开研究。自 18 世纪开始，微积分进入了殿堂级的荣耀时刻，它不再是单纯的数学概念，而是可以被应用于各个科学领域的工具。

强大的数学家族

数学界有一个非常强大的数学家族，他们就是瑞士巴塞尔的伯努利家族，祖孙三辈中出过多位著名的数学家。这其中雅各布第一·伯努利和兄弟约翰第一·伯努利都是莱布尼茨的朋友，在莱布尼茨提出微积分后不久就用自己的努力将其发扬光大。著名的伯努利微分方程就是出自雅各布第一·伯努利之手。

伯努利微方程

$$y'+P(x)\,y=Q(x)y^n$$

▼ 洛必达

洛必达曾是骑兵军官。

▲ 约翰第一·伯努利

约翰第一·伯努利是公认的"变分法"奠基人。

无穷小分析

世界上第一本微分学教科书的诞生

法国数学家洛必达可以称得上是年轻有为，15 岁时就曾经解出过帕斯卡提出的摆线难题，后来又解出了约翰第一·伯努利挑战全欧洲的"最速降线"难题。1691 年，他跟随约翰第一·伯努利学习微积分知识。1696 年，洛必达出版了他一生中最为重要的作品《无穷小分析》，这是历史上第一本系统的微分学教科书，可以说对微分学的广泛传播起到了重要的作用。

牛顿学派的优秀代表

英国数学家

布鲁克·泰勒于 1685 年出生于英格兰米德尔塞克斯的埃德蒙顿。因为家庭环境优越，泰勒从小就受到了良好的教育以及艺术氛围的熏陶。泰勒在微积分方面最突出的成就是提出了微积分的基本定理——泰勒定理。这一定理阐述了将函数展开至无穷级的表现方法，后来被拉格朗日认可并称其为"导数计算的基础"。

▶ 布鲁克·泰勒

17世纪，欧洲男子流行戴假发。

牛顿学派是赞成牛顿在 1687年出版的《自然哲学的数学原理》一书中的观点与方法的学派。

欧拉的微积分时代

莱昂哈德·欧拉，著名的瑞士数学家，1707 年出生于瑞士的巴塞尔。这位 18 世纪最出彩的数学家之一，18 岁之前一直被父亲寄予厚望成为一名牧师。不过欧拉可不是甘于平凡的人。在欧拉的时代，微积分领域得到了扩展。他在将数学运用到物理学研究的过程中，创立了微分方程。在研究曲线及曲面的微分几何中，他引入了空间曲线的参数方程。欧拉不仅是数学家，同时也是位高产作家。他关于数学的许多著作都让人受益匪浅，特别是《关于曲面上曲线的研究》，是微分几何发展史上里程碑级的作品。欧拉对数学研究的贡献不仅是在微积分方面，现在我们在数学的其他分支学科中经常能见到以他的名字命名的常数、公式和定理。

欧拉是数学史上最多产的数学家之一。

▶ 欧拉

牛顿是一位百科全书式的天才。

▶ 牛顿

牛顿在数学和物理学上颇有成就。

数力结合

常言说得好："数理不分家。"我们发现许多数学家都同时在物理学领域有所贡献。数学与物理学之间何时有了不可分割的联系，而这种联系又分布在哪些方面呢？这就需要那些伟大的数学家们来给出答案了。

数学与力学的联系

提到数学与力学的联系，我们自然会想到伟大的科学家牛顿。我们知道，他在物理学方面的研究以经典力学最为突出，而他在数学方面的微积分理论也是建立在运动力学的基础之上，因此牛顿是数学与力学结合的最早奠基人。

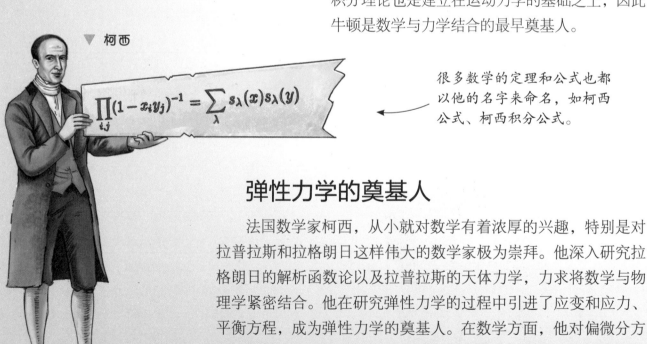

▼ 柯西

$$\prod_{i,j}(1-x_iy_j)^{-1}=\sum_{\lambda}s_\lambda(x)s_\lambda(y)$$

很多数学的定理和公式也都以他的名字来命名，如柯西公式、柯西积分公式。

弹性力学的奠基人

法国数学家柯西，从小就对数学有着浓厚的兴趣，特别是对拉普拉斯和拉格朗日这样伟大的数学家极为崇拜。他深入研究拉格朗日的解析函数论以及拉普拉斯的天体力学，力求将数学与物理学紧密结合。他在研究弹性力学的过程中引进了应变和应力、平衡方程，成为弹性力学的奠基人。在数学方面，他对偏微分方程理论以及复变函数都有深入研究，人称"现代数学分析严格化的奠基人"。

天体力学中的数学

天文学中涉及很多数学运算，因此数学家纳皮尔发明了"对数"。通过研究弦振动理论，他成为与丹尼尔第一·伯努利齐名的偏微分方程论的创始人。而后他通过对引力的研究又得出了偏微分方程中的位势方程。在他之后，著名的数学家拉普拉斯也运用数学方法证明了行星轨道大小的周期性变化相关问题，得出了著名的拉普拉斯定理。

拉普拉斯是天体力学的主要奠基人、天体演化学的创立者之一。

▼ 拉普拉斯

数学史上的通才

法国数学家亨利·庞加莱是数学史上的一位通才。他主要的研究领域是天体力学，他的著作《天体力学新方法》中不仅包含了拓扑学、动力系统等方面的成果，还有数学的极限环理论、微分方程定性理论等。可以说这既是一部数学著作，同时又是一部力学著作。

▼ 庞加莱

希尔伯特的"数力研究"

德国数学家希尔伯特是一位偏向于研究纯粹数学领域的人才，不过他在数学与力学的结合上也贡献了一部分力量。他的"希尔伯特空间"理论是公式化数学和量子性力学的关键概念之一。此外，他还将积分方程运用于气体动力学乃至广义相对论中，他在1911年又得出了引力场方程。他的研究对数学和物理学理论方面都有至关重要的推动作用。

希尔伯特

赵爽

他生活在东汉末期至三国时期。

天文学家、数学家

东方数学的进步与发展

　　为什么大部分我们所熟知的数学家普遍来自西方。你或许会问，这是不是意味着东方在数学领域的发展几乎为零呢？答案当然是否定的。我国数学研究的起源也是非常早的，甚至在某些领域早于西方国家。那么我们现在就把目光转移到东方数学的进步与发展上来吧！

▼ 《九章算术》

《九章算术》是中国古代数学发展史上的重要著作。

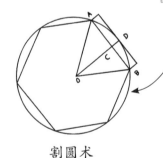

割圆术是一种求圆周率的方法。

割圆术

东方的伟大数学家

　　3世纪初，我国有一位伟大的数学家名为赵爽，他曾经绘制了一张弦图来证明勾股定理，可以说赵爽是我国历史上最早证明勾股定理的数学家。他曾经仔细研读过《九章算术》和《周髀算经》，并为后者标注了详细的注解，在我国数学发展史上富有学术价值。与他同一时期的数学家刘徽以独创的"割圆术"闻名遐迩。刘徽是我国历史上较早用科学方法计算圆周率的人，除此之外，他还同阿基米德一样执着于对面积与体积的研究，并且取得了丰硕的成果。说到圆周率，就一定要提到我国著名的数学家祖冲之，他在刘徽"割圆术"的基础上，进一步将圆周率精确到了小数点后7位数。

▶ 刘徽

刘徽在世界数学史上占重要地位。

《九章算术》的数学影响力

《九章算术》成书于何人、何时都没有确切的史料记载，不过自东汉时起，此书就已经开始广泛流传了。全书分为9章，分别是讲面积量法与分数算法的《方田》，以粮食交易计算法为主的《粟米》，计算分配比例的《衰分》，涉及面积与体积逆运算的《少广》，求算多面体和圆体的体积的《商功》，计算政府组织粮食运输与平均分担的《均输》，记载盈亏问题及相关计算法算术题的《盈不足》，最早的联立方程组和正负数的《方程》以及主要内容为勾股定理的应用和测量方法的《勾股》。其中许多内容都能称得上是走在世界前端的数学研究成果。

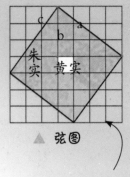

▲ 弦图

弦图是赵爽发明的证明勾股定理的几何方法。

祖冲之是南北朝时期的数学家、天文学家和科学家。

◀ 祖冲之

祖冲之主要的数学著作是《缀数》。

华罗庚是中国最伟大的数学家之一，是中国"现代数学之父"。

▼ 华罗庚

从停滞期走向发展

自明代开始，我国数学的发展一直处于缓慢期。直到现代，我国的数学研究才有所突破，其中最为突出的人物要数"现代数学之父"华罗庚。华罗庚的数学研究领域包括解析数论、矩阵几何以及函数、微积分等。华罗庚不仅是伟大的数学家，而且还是一位不贪图名利的爱国人士。他面对国外的优厚待遇不为所动，毅然决然地回到培养他的祖国，他还为国家培养了许多数学方面的人才，为我国数学的发展做出了巨大的贡献。

数学王子——高斯

19世纪，数学的发展处于一个新发现、新理论层出不穷的时期。自这时起，数学进入了一个空前繁荣与兴盛的阶段。这时，数学界出现了一位天才——约翰·卡尔·弗里德里希·高斯。他的数学成就的应用范围上到天文下到地理，十分广泛。

高斯从小就表现出了非凡的数学天赋。

高斯从15岁时就开始研究高难度几何学问题。

泥水匠儿子的逆袭

高斯1777年出生在德国一个并不算富裕的家庭。他的父亲是一名泥水匠，并且一直固执地认为穷人家的孩子只能依靠力气才能谋生，所以并不认为高斯可以学出什么花样。高斯的母亲虽然目不识丁，却认为只有知识才能改变命运，她在高斯成长的过程中给予他充分的发展空间和牢不可破的精神支持。后来，高斯得到他人资助，开始毫无后顾之忧地研究数学与其他学科的知识。

当之无愧的数学王子

高斯的数学成就涵盖范围极其广泛，包括代数学、非欧几里得几何学、微分几何学、复变函数论等。这其中，他在数论方面的研究最为著名，《算术研究》是他关于数论的一部著作，可以说是开辟了数论研究的新时代。代数方面，他的代数基本定理证明了复数在代数运算中的重要地位。除此之外，他在几何方面的成就也尤为突出。高斯在大学第二年就发现了正十七边形的尺规作图法，可以说，这是他一生中最为骄傲的成就之一。

天体和大地里的数学知识

19 世纪时，许多研究都是建立在私人赞助的基础上。高斯的赞助者布伦斯维克伯爵为高斯潜心向学提供了良好的条件。不过他去世以后，高斯就需要自力更生了。当时高斯在欧洲已经声名显赫，后来他举家迁往哥廷根，在那里的天文台工作。在这期间，他研究"天上的数学"，利用"最小乘二法"得到小行星的运行轨迹。他的作品《天体沿圆锥曲线绕日运行理论》和《天体运动理论》中体现了数学在天文学上的应用。后来，他又把数学的研究应用从天体转向了大地，在大地测量研究中，他创立了关于曲面的新理论，阐述了三维空间中的曲面微分几何。

高斯享有"数学王子"的美誉。

高斯与韦伯一同画出了世界上第一张地球磁场图。

高斯测算出了小行星谷神星的运行轨迹。

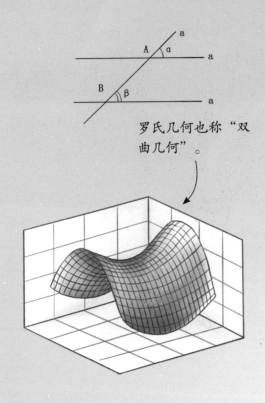

罗氏几何也称"双曲几何"。

非欧几何

顾名思义，"非欧几里得几何"就是与"欧几里得几何"不同的几何体系，简称非欧几何。非欧几何的建立，打破了欧几里得几何独占天下的局面，同时也打开了一个全新的几何新世界的大门。这不仅是整个数学向前迈进的踏板，也为其他学科的研究与探索提供了新视野和新方法。

在争议中诞生的非欧几何

欧氏几何中包含许多平行公理。许多数学家们一直在研究"第五公设"的问题，不过一直没有成功。这使得一些数学家们开始怀疑欧氏几何的平行公理的合理性。于是许多数学家都设想过是否存在一个与欧氏几何不同的平行公理。1826 年，罗巴切夫斯基发表了他的论文《几何学原理概述，附平行线定理的一种严格证明》提出了新的平行公理。

罗氏几何

俄国数学家尼古拉斯·伊万诺维奇·罗巴切夫斯基在研究欧氏几何中的"第五公设"问题时，发现无论如何尝试都无法证明"第五公设"。于是他反其道行之，结果却得出了与欧氏几何不同的新理论，即：在平面上过已知直线外一点至少有两条直线与已知直线不相交。这被罗巴切夫斯基称为"虚几何学"。然而新理论的诞生不仅没有获得赞赏与认同，反而遭到了其他数学家的无视。

▼ **罗巴切夫斯基**

非欧几何的早期发现人之一

椭圆几何的诞生

当然新几何学的诞生不会因为别人的无视就被摒弃。继罗巴切夫斯基之后，德国数学家波恩哈德·黎曼也在 1854 年提出了一个新的平行公理。这一公理既不同于欧氏几何，也不同于罗氏几何。他指出同一平面上的任意两条直线一定相交，并且在这种几何里，三角形的内角和大于两直角，这就是椭圆几何。

黎曼几何也称"椭圆几何"。

▲ 黎曼提出椭圆几何理论

非欧几何的坎坷上位路

在两位数学家都提出了非欧几何的理论后，大众仍不能接受。直到他们相继离世之后，非欧几何才在后来继承者不断提出新证据的基础上得到了大众的认同。1868 年，意大利数学家贝尔特拉米的论文《关于非欧几何的解释》中，证明了非欧几何可以视为负常数高斯曲率的曲面上的内在几何。随后，德国数学家克莱因也在 1871 年，证明了非欧几何是相容的。自此，人们才真正意义上认同了非欧几何是真实存在的。

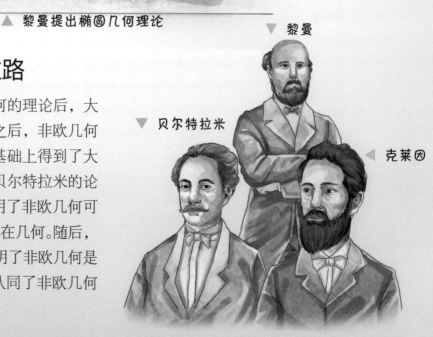

▼ 黎曼

▼ 贝尔特拉米

◀ 克莱因

代数学的变革

代数学作为数学中一个重要的分支学科，其包含了从简单的代数运算到复杂方程与方程组的解析等内容。代数学与我们的生产、生活有着密不可分的联系。其实，人类在很早的时候就已经开始了代数研究，代数学在物理学、工程学及经济学中都被广泛应用。

代数学的时代演绎

▼ 欧拉

欧拉创造了欧拉公式，被称为"最著名、最美丽的公式之一"。

在韦达的符号代数学基础上，众多数学家开始了对代数学领域的探索。17 世纪到 18 世纪中期，欧拉的《代数学入门》一书，将整数、分数、方根、对数、级数、牛顿二项式和丢番图分析等代数问题集中讲述的同时，也总结了 16 世纪以来符号代数学的系统，这是一本教科书级别的代数类著作。18 世纪数学家高斯的代数基本定理的提出以及拉格朗日、旺德蒙德和鲁菲尼等数学家研究的 5 次以上代数方程的解法，都推动了代数学的历史变革。

▼ 阿贝尔　▼ 皮科克

皮科克曾是剑桥大学天文学和几何学的教授。

挪威数学家，证明了5次及5次以上的方程不能用公式求解。

抽象代数时代的来临

代数学的变革始于 19 世纪，那时数学家阿贝尔证明了代数学上的根式求解法并不能适用于 4 次以上的多项式方程。在此基础上数学家伽罗华引出了群和域的抽象数学概念。与他同时代的英国数学家皮科克，在 1830 年发表了概括算术基本定律的《代数论》，总结了代数学的演绎结构，指出了运算代数与符号代数的特殊性与普遍性，这一著作预示了抽象代数的发展。

哈密顿和妻子在散步时
想出了四元数理论

布尔罕桥上写下
了数学算式。

现实世界与人类思维的完美结合

英国数学家哈密顿在 1843 年，提出了一个新的数学概念"四元数"，这是由人类思维构造出来的，不满足现实世界中的乘法交换律的抽象数学对象。这一创造，将代数领入了一个抽象空间，是代数学发展史上一次质的飞跃。对超复数有所研究的数学家除了哈密顿之外，还有数学家格拉斯曼，他在 1844 年独立得出了具有 n 个分量的超复数理论。这两项研究都是引起代数学变革的重要成果。

中国数学家的贡献

一个高次多项式求根问题引发了各种代数结构问题的研究，这使得代数学走入了抽象时代。在此基础上，学界还形成了许多新的数学领域，比如代数数论、拓扑代数等。在代数学的发展阶段，我国伟大的数学家也对此有所研究。自华罗庚开始，由他领导的抽象代数讨论班在体论、典型群和矩阵几何等方面都有许多研究成果并且在国际上享有盛名。

▼ 华罗庚带领中国数学
家进行代数研究

PASCAL

差分机

数学与计算机

说到计算机，现在肯定是无人不知无人不晓。事实上，计算机的发展演变与数学的进步是分不开的。从最早的机械计算机加法器到现在的智能计算机，数学与计算机可谓是共同进步的好伙伴。在这个大数据的信息时代，数学与计算机之间是如何互相影响的呢？

差分机是一种高度
自动化计算机械。

从计算器到计算机

数学与计算机可是非常有渊源的。历史上第一台可以进行加法计算的机器由数学家帕斯卡发明创造。后来莱布尼茨提出了二进制运算法则，直到现在，二进制也是计算机高速运算的依据。他也曾经发明过可以进行加减乘除运算的"乘法器"。在此基础上，英国发明家巴贝奇提出了差分机与分析机的设计理念，为可编程计算机的面世奠定了基础。

▼ 奥古斯塔·阿达·拜伦

英国著名的数学家，
计算机程序创始人。

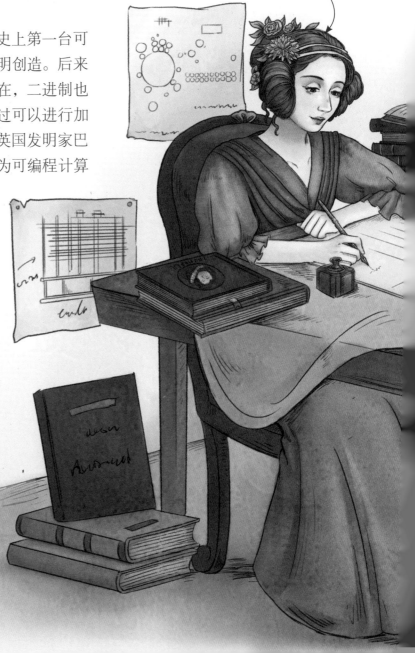

历史上第一位女程序员

奥古斯塔·阿达·拜伦是伟大诗人拜伦的女儿。她没有继承父亲的浪漫主义文学事业，反而研究起了数学和计算机。阿达在巴贝奇晚年，为他的"分析机"编写拟定了"算法"，还绘制了"程序设计流程图"。这使她成为世界上第一位为计算机编写程序的人。她对计算机的大胆设想超前了一个世纪，可以说她是当之无愧的"数字女王"。

计算机的数字时代

纵观计算机的发展史，都是以数学为基础的。许多发明者都是数学家，比如现在很多计算机运用的布尔运算，就是源于 19 世纪伟大的英国数学家布尔提出的一个构想。"数字计算机之父"乔治·斯蒂比兹做出了世界上第一台电磁式二进制数字计算机。因此，计算机与数学有着密不可分的联系。

▶ 布尔

很多计算机语言中都将逻辑运算称为"布尔运算"。

图灵被称为"计算机之父""人工智能之父"。

◀ 阿兰·图灵

从人工智能到互联网

一个领域发展到一定阶段后，通常会出现一个不走寻常路的人。阿兰·图灵就是这样一个神奇的存在，他在 1935 年才开始研究数学逻辑，并在他的论文《论可计算的数及其在密码问题中的应用》中提出了图灵机的概念，旨在证明计算机思维。然而科技不断发展走到今天，人工智能已经不再是只存在于科幻片中了。随着计算机不断更新换代向前进步，又有人提出了新的设想，如果将网络中的计算机都联系在一起，或许可以达到信息共享的状态或者为人类带来其他益处。于是，1991 年，蒂姆·伯纳斯·李发明的万维网公共服务首次亮相，自此，数字计算机进入了一个全新的发展阶段。

▶ 蒂姆·伯纳斯·李

伯纳斯·李是英国计算机科学家、万维网的发明者。

数学是金融的基础。

数学在金融方面的应用

数学应用大发展

人类社会不断发展，如今已经步入了"信息化时代"。而数学作为"科学部队"的一个重要分支，一直顺应时代潮流，逐渐形成了相当丰富完善的知识体系。在这个过程中，数学不知不觉融入了我们的生产、生活，变为其中不可分割的一部分。相信随着时间的推移，数学将继续展现"独具个性"的魅力，为科学进步、人类社会的发展发挥出更强大的作用。

金融

数学不但是很多金融理论的基础，对一些实际金融工作同样具有至关重要的作用。生活中，无论我们从事金融哪一方面的工作，只要需要进行数据统计分析、信息管理，就都会用到数学。另外，银行证券研发部门也会通过数学知识来设计证券模型和程序。

数学在软件方面的应用

计算机图形学需要数学知识。

信息通信

对于信息通信行业来说，数学是必不可少的"工具"。平时，除了信息管理、数据研究以及统计分析等工作会用到数学外，在动画制作、软件开发、信号以及图形图像处理等方面也会需要数学。当然了，人们进行通信系统、电子商务系统建模时就更离不开数学了！

工程

要说数学对哪个领域最重要，相信很多人第一时间会想到"工程"。没错，如果缺少了它，工程建模就无法进行，企业经营、管理系统会变得一团糟，加工、制造行业的研发和设计工作也将停滞。总之，没有数学，很多企业和建设项目都会面临"停摆"。

经过精密计算的建筑设计图

▼ 数学在医疗方面的应用

数学可以让医学向着定量、精确、可计算、可预测、可控制的方向发展。

▲ 数学在设计方面的应用

生物医药

数学在生物医药领域具有十分突出的应用意义和科学价值。人们可以通过数学模型、科学的算法等知识，设计研发出精密的医疗设备，研发出疗效更好的药品，掌握更先进的技术。这样，医疗诊断才能更精准、科学，对患者的治疗效果也更理想。可以说，数学对医药领域的贡献远比我们想象的要多。

在建设三峡水利工程时，工程师们就运用了大量的数学知识。

数学在水利工程方面的应用

看图纸的工程师。

交通运输

交通运输领域也有"数学"？当然，要知道，日常物流管理和物流系统的运行，都少不了数学"帮忙"。不仅如此，人们还用数学知识构建了很多模型。它们能为我们提供不少科学依据，从而为调整交通结构、制定交通政策、规划城市交通布局出力！

环保和资源开发

通过一系列的数学方法和理论，人们可以科学地研究某一区域的地质构造，进而判断出石油以及天然气的储量和位置，为资源开发提供数据支持。此外，科学的数据还可以帮助我们了解现有资源的具体情况，以便及时合理规划，制定节约资源的措施。

在对海洋的探索中，数学的应用必不可少。

数学模型可以用来预测和解决城市规划问题。

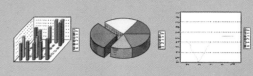

政府工作

一些政府部门在工作中进行数据统计、分析、处理以及信息收集工作时，时刻都会用到数学知识。通过那"一道又一道数学题的结果"，我们就能了解财政收入、国民经济增长、产业结构变化等重要数据内容，从而熟知各种有关国计民生的大事。是数学让这一切有了更直观、准确的表达，为国家实施各项积极的举措奠定了良好的基础。

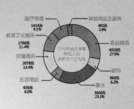

数据可以让各项工作的结果变得更加直观。

世界上任何一枚火箭想要成功发射，都离不开数学公式。

科研

从某种程度来讲，数学对科技的意义就像氧气对人类一样重要。它是推动科技进步、发展的关键动力。农业新产品的试验，工业新材料的研发，宇宙飞船飞向太空，载人潜水器探索未知的海底世界……毫无疑问，这一切都需要强大的数据支持，没有经过精密的计算，很多科研工作都无从谈起，人类科技水平也只会原地踏步。

小百科

你知道吗？航天器的发射时间也是计算出来的。航天工作者们通过研究气象条件、回收时间以及交会对接等具体问题，用相应的算法计算出最终的发射时间。